煤炭行业特有工种职业技能鉴定培训教材

输送机操作工

（初级、中级）

河南煤炭行业职业技能鉴定中心　组织编写

主　编　赵　睿

中国矿业大学出版社

内 容 提 要

本书分别介绍了初级、中级煤矿输送机操作工的基础知识、职业技能鉴定的知识要求和技能要求。内容主要包括输送机操作工基础知识、输送机的适用范围、结构形式、输送机的安装、安全运行、日常维护和故障处理等。

本书适用于煤矿输送机操作工职业技能鉴定培训和自学,也可作为技术学校相关专业师生的参考用书。

图书在版编目(CIP)数据

输送机操作工:初级、中级 / 赵睿主编.—徐州:
中国矿业大学出版社,2014.5
ISBN 978-7-5646-2313-5

Ⅰ.①输… Ⅱ.①赵… Ⅲ.①矿山机械—输送机—操作—职业技能—鉴定—教材 Ⅳ.①TD5

中国版本图书馆 CIP 数据核字(2014)第 073773 号

书　名	输送机操作工(初级、中级)
主　编	赵　睿
责任编辑	满建康　李　敬
出版发行	中国矿业大学出版社有限责任公司
	(江苏省徐州市解放南路　邮编 221008)
营销热线	(0516)83885307　83884995
出版服务	(0516)83885767　83884920
网　址	http://www.cumtp.com　E-mail:cumtpvip@cumtp.com
印　刷	北京市兆成印刷有限责任公司
开　本	850×1168　1/32　**印张** 6.375　**字数** 166 千字
版次印次	2014 年 5 月第 1 版　2014 年 5 月第 1 次印刷
定　价	20.00 元

(图书出现印装质量问题,本社负责调换)

前　言

　　输送机是煤矿企业连续输送物料的重要设备之一,掌握输送机现场操作和维护技能是输送机操作工安全生产的重要保证,为提高输送机操作工的理论和现场操作水平,编写了这本教材。

　　全书共7章,分基础知识、初级工专业知识与技能、中级工专业知识与技能三个部分介绍了输送机操作工职业技能鉴定的知识和技能要求,内容涵盖了输送机操作工基础知识、输送机的适用范围、结构形式、输送机的安装、安全运行、日常维护和故障处理等知识。

　　本书是输送机操作工职业技能考核鉴定前的培训和自学教材,也可作为各类技术人员的参考用书。

　　本书第一章由赵睿、菅斐执笔,第二、三章由黄文明执笔,第四章由王伟强执笔,第五、六章中带式输送机内容由孟凡平执笔,第七章由尹延庆执笔,第五、六章中刮板输送机、转载机、斗式提升机内容由郑修平执笔。本书由赵睿统稿。茹国华、张艳丽、郑建英参与了审稿。

　　由于编写时间仓促,涉及内容较广及编者自身水平限制,难免存在错误和疏漏,恳请专家和广大读者给予批评指正。

编　者

2013 年 10 月

目　　录

第一部分　输送机操作工
基础知识

第一章　煤矿安全基础知识

第一节　入井常识

一、入井前的准备

（1）煤矿职工要注意休息和饮食，下井前一定要睡好吃饱，使自己精神饱满，精力充沛。入井前严禁喝酒，以免神志不清造成事故。

（2）必须穿好工作服、胶鞋，系好腰带、灯带，戴好矿帽，围上毛巾。不准袒胸露背或把衣服披在肩上。严禁穿化纤衣服。

（3）严禁携带引火物下井，如烟草火柴、打火机及带打火机的电子表等。下井前一定要检查衣袋，将引火物放在井上安全地点，以免引起火灾和瓦斯爆炸。

（4）入井前，要准时参加班前会，认真听取工作安排和安全注意事项，听懂记清，以便采取妥善措施安全地完成任务。

（5）入井前，必须准备好当班的工具、材料和零配件。对随身携带的有尖刃的工具一定要包好、绑牢或装入特制的保护套内，防止碰伤自己或他人。

（6）领取矿灯。矿灯是井下职工的眼睛，一定要做到正确使用和爱护。每个入井人员，在入井前都要领取矿灯。

二、上、下井乘罐笼时的注意事项

（1）上、下井时，要遵守井口、井底的管理制度，在指定地点等候乘坐罐笼。

（2）乘坐罐笼时，要服从井口把钩工的指挥，自觉接受井口检查人员的检查和劝告，排队按次序上、下罐笼，不得拥挤、争抢。

（3）必须在听到停车信号后，待井口把钩工打开井口安全门和罐门（或罐帘）后方可上、下罐笼。罐笼尚未停稳及未发出停车信号前，或发出开车信号后，均不得上、下罐笼。

（4）进入罐笼后不准打闹，要握紧扶手，手、脚和头以及随身携带的工具物品不得露出罐外。

（5）任何人员不准与携带火药、雷管的爆破工或火工人员同罐上、下，也不准乘坐无安全盖的罐笼和装有设备材料的罐笼。

三、井下乘车注意事项

1. 乘坐人车的注意事项

（1）在斜巷或平巷乘车时，必须乘坐专门运送人员的人车，其他车辆（包括固定车厢式矿车、翻转车厢式矿车、底卸式矿车、材料车和平板车等）一概不准乘坐。

（2）听从司机及乘务人员的指挥，不要拥挤，按规定人数乘坐，不准超员。

（3）严禁在机车上或任何两车厢之间搭乘。

（4）开车前必须关好车门或挂上防护链，人体及所带的工具、物品严禁露出车外。

（5）列车运行中和没有停稳前，严禁上、下车和在车内站立，严禁扒车、跳车和坐矿车。

（6）爆破工携带炸药时，要用专车分装运送，其他人员不许与其混乘。

（7）倾斜井巷的人车必须有跟车人，跟车人必须坐在设有手动防坠器把手或制动器把手的位置上。

2. 乘坐带式输送机的注意事项

（1）除规定允许运送人员的钢丝绳牵引带式输送机或钢丝绳

芯带式输送机外,严禁乘坐其他带式输送机和任何类型的刮板输送机。

(2) 带式输送机运送人员前,必须卸除输送机上的物料。

(3) 乘坐带式输送机时,乘坐人员的间距不得小于 4 m。乘坐人员应坐在输送带上,不得站立或仰卧,应面向行进方向。

(4) 乘坐带式输送机时,严禁携带笨重物品和超长物品,运行中严禁触摸输送带侧帮。

(5) 带式输送机应装有在输送机全长任何地点可由搭乘人员或其他人员操作的紧急停车装置;下车地点应有明显标志或声光信号,在距下人区段末端前方 2 m 处,必须设有能自动停车的安全装置;在卸煤口,必须设有防止人员坠入煤仓的设施。

3. 倾斜井巷乘坐架空乘人装置(猴车)应遵守的规定

(1) 乘坐时不应慌张,不要猛上猛下。

(2) 运行中要坐稳扶牢,不要引起吊杆摆动。

(3) 不得手扶钢丝绳,不得触及邻近的任何物品。

(4) 严禁其他人员与携带爆炸物品的人员同时上、下。

四、在井下行走时的注意事项

(1) 在井下各种运输井巷里行走时,不要走在轨道当中,应走在人行道或运输巷道行人的一侧。如果没有人行道,必须走绞车道时,要预先和把钩人员联系,经同意后,方能上、下,做到"行车不行人,行人不开车"。人员行走在中途时,一旦发现开车现象,要立即进入附近的躲避硐或向把钩人员发出停车信号。

(2) 井下行走时,要随时注意井巷里的各种信号、来往车辆和路标,不要大声说笑、吵架和打闹。

(3) 井下行走时,要戴好安全帽和矿灯,注意前方,拿好随身携带的物品,背着的不准超过头顶,扛着的要扛平,不要碰到架空线、电缆或其他人员等。

(4) 通过风门或风帘后,要随手将其关好。

（5）路过有人正在工作的地方，一定要先打招呼，以免掉物砸伤或碰伤。立井或斜井井底不准通行，要绕道过去。溜煤眼不准行人和在下口停留。

（6）挂有"禁止通行"或危险警告标牌的地方，无论有无栏杆均不得进入。

五、井下人力推车必须遵守的规定

（1）一次只准推1辆车，严禁在矿车两侧推车。通向推车的间距，在轨道坡度小于或等于5‰时，不得小于10 m；坡度大于5‰时，不得小于30 m。

（2）推车时必须时刻注意前方。

（3）严禁放飞车。巷道坡度大于7‰时，严禁人力推车。

六、煤矿安全设施与井下安全标志

1. 煤矿安全设施

（1）防止竖井罐笼坠罐的罐卡；

（2）井底水泵房的防水闸及防水门；

（3）防止斜井跑车的挡车器；

（4）井底车场的防火门；

（5）避难硐室；

（6）进风大巷的消防材料库；

（7）倾斜井巷中的防跑车及防止"突出"事故的避难硐室；

（8）井下机电硐室的防爆门；

（9）机电硐室的消防沙箱及灭火器；

（10）瓦斯抽放和监测系统；

（11）井下人员定位系统等。

2. 井下安全标志

（1）主标志

① 禁止标志

禁止标志的含义是不准或制止人们的某种行动,几何图形为带斜杠的圆环。

② 警告标志

警告标志的含义是使人们注意可能发生的危险,几何图形为正三角形。

③ 指令标志

指令标志的含义是指示人们必须遵守某种规定,几何图形为圆形。

④ 路标、铭牌、提示标志

路标、铭牌、提示标志是告诉井下人员目标、方向、地点的标志。

(2)文字补充标志

文字补充标志是主标志的文字说明或方向表示,它必须与主标志同时使用。

第二节 矿井通风安全

一、矿井空气

1. 地面空气

地面空气是包围着人类居住的地球表面的地面大气,它是由干空气和水蒸气组成的混合气体。

2. 井下空气的组成部分

(1)氧气(O_2)

氧气是一种无色、无味、无臭的气体,供人呼吸。《煤矿安全规程》规定:采掘进风流中,氧气浓度不得低于 20%。

(2)氮气(N_2)

氮气是一种无色、无味、无臭的气体。在正常情况下,它对人体无害。

（3）二氧化碳（CO_2）

二氧化碳是一种无色、略带酸味的气体，易溶于水、不助燃、不能维持呼吸，对眼鼻的黏膜有刺激作用。《煤矿安全规程》规定：采掘进风流中，二氧化碳浓度不得超过 0.5%。

二、井下主要有害气体

1. 一氧化碳（CO）

（1）性质。一氧化碳是一种无色、无味、无臭的气体，浓度达到 13%～17% 时遇火能引起爆炸。

（2）危害。一氧化碳毒性很强，吸入人体后会阻碍氧气和血色素的正常结合，使人体各部分组织和细胞缺氧，引起窒息和中毒死亡。

（3）井下来源。主要有：井下火灾，煤层自燃，瓦斯与煤尘爆炸，爆破工作。

2. 硫化氢（H_2S）

（1）性质。硫化氢气体是一种无色、有臭鸡蛋气味的气体，有毒性，溶于水，能燃烧，当浓度达到 4.3%～46% 时具有爆炸性。

（2）危害。硫化氢有剧毒，它能使人体血细胞缺氧而中毒，对眼睛及呼吸道的黏膜具有强烈的刺激作用，能引起鼻炎、气管炎和肺气肿。

（3）井下来源。主要有：坑木腐烂，含硫矿物遇水分解，爆破工作，从废旧巷道采空区涌出或从煤岩中涌出。

3. 二氧化硫（SO_2）

（1）性质。二氧化硫是一种无色、具有强烈硫黄燃烧味的气体，易溶于水。它对眼睛和呼吸器官有强烈的刺激作用。

（2）井下来源。主要有：含硫矿物的自燃或缓慢氧化，从煤岩中释放出，在硫矿物中爆破生成。

4. 二氧化氮（NO_2）

二氧化氮为红褐色气体，对眼睛、鼻腔、呼吸道及肺部有强烈的刺激作用,可引起肺气肿。

5. 甲烷(CH$_4$)

甲烷是矿井有害气体的主要成分,占有害气体总量的 90% 以上。在煤矿生产中,通常把以甲烷为主的有害有毒气体总称为瓦斯。

三、矿井通风系统

矿井通风系统是矿井通风方式、方法和通风网络的总称。

1. 矿井通风方法

矿井通风方法以风流获得的动力来源不同分为自然通风和机械通风两种。利用自然因素产生的通风动力,使空气在井下巷道中流动的通风方法称为自然通风。利用通风机运转产生的通风动力,使空气在井下巷道中流动的通风方法称为机械通风。

在机械通风的矿井中,通风机的工作方法分为抽出式、压入式和混合式。

2. 矿井通风设施

矿井通风设施按其作用不同分为三类:

(1)引导风流设施。主要有风桥、风硐、反风装置及风筒。

(2)隔断风流设施。主要有风墙(密闭)、风门等。

(3)调节风流设施。主要是调节风门。

第三节　矿井灾害防治

一、矿井瓦斯灾害防治

1. 瓦斯的性质

瓦斯是指以甲烷为主的有毒有害气体的总称,有时单指甲烷。甲烷无色、无味、无毒,不溶解于水,比空气轻。

瓦斯与空气适量混合后具有燃烧爆炸性,是煤矿主要的灾害之一。

2. 矿井瓦斯等级划分

根据有关规定,按照瓦斯涌出量和涌出形式等将矿井分为三类。

(1) 瓦斯矿井(同时满足下列条件)

① 矿井相对瓦斯涌出量小于或等于 10 m^3/t;

② 矿井绝对瓦斯涌出量小于或等于 40 m^3/min;

③ 矿井各掘进工作面绝对瓦斯涌出量均小于或等于3 m^3/min;

④ 矿井各采煤工作面绝对瓦斯涌出量均小于或等于5 m^3/min。

(2) 高瓦斯矿井(满足下列任一条)

① 矿井相对瓦斯涌出量大于 10 m^3/t;

② 矿井绝对瓦斯涌出量大于 40 m^3/min;

③ 矿井任一掘进工作面绝对瓦斯涌出量大于 3 m^3/min;

④ 矿井任一采煤工作面绝对瓦斯涌出量大于 5 m^3/min。

(3) 突出矿井(满足下列任一条)

① 发生过煤(岩)与瓦斯(二氧化碳)突出的;

② 经鉴定具有煤(岩)与瓦斯(二氧化碳)突出煤(岩)层的;

③ 依照有关规定有按照突出管理的煤层,但在规定期限内未完成突出危险性鉴定的。

3. 瓦斯爆炸条件

(1) 瓦斯浓度在爆炸范围之内,即 5%～16%。瓦斯爆炸界限并不是固定不变的,随着条件的改变而改变。

(2) 有高温火源的存在。

(3) 氧气浓度在 12%以上。

同时具备以上条件时,瓦斯才能爆炸。

4. 预防措施

(1) 防止瓦斯积聚和超限。

（2）加强通风。

① 加强对有害气体的检查。

② 及时处理局部积聚的瓦斯。

③ 对瓦斯进行抽放。

（3）控制火源。

① 消灭电气失爆。

② 杜绝非生产需要的火源。

③ 对生产中不可避免的高温热源，采用专门措施严加控制。

④ 加强井下火区的管理，禁止井下拆开矿灯等。

（4）防止瓦斯事故的扩大。

具体措施主要采取分区通风和设置防、隔爆措施，如使用岩粉棚、水袋棚、水帘、水幕等设施。

（5）安设瓦斯监测监控装备。

5. 煤与瓦斯突出事故的预兆

煤与瓦斯突出的预兆分为无声预兆和有声预兆两类。

（1）无声预兆：煤层层理紊乱，煤层由硬变软、由薄变厚，倾角变大，由湿变干，光泽变暗，顶底板出现断裂，煤岩严重破坏，压力增大，煤壁外鼓，瓦斯增大，或忽大忽小，煤尘增多。

（2）有声预兆：响煤炮、闷雷声、断裂声等。尤其是声音由小到大、由少到多、由远到近这样的情况出现时，突出的可能性会大增。

二、矿尘防治

1. 概念

矿尘是指矿山生产过程中产生的并能长时间悬浮于空气中的矿物颗粒的总称，也叫粉尘。

2. 矿尘危害

（1）污染工作场所，降低工作场所的能见度，增加事故的发生概率。

（2）危害人体健康，引起职业病。

（3）煤尘在一定的条件下可以发生爆炸。

（4）加速机械的磨损，缩短机器的使用寿命。

3. 煤尘爆炸

（1）煤尘本身具有爆炸性。

（2）悬浮的煤尘浓度在爆炸范围之内。

（3）有高温引燃火源的存在。

（4）有足够的氧气浓度。

以上条件同时具备时，煤尘才能爆炸。

4. 预防煤尘爆炸的措施

预防煤尘爆炸的技术措施可分为：防尘措施、防爆措施和隔爆措施 3 个方面。

（1）防尘措施

① 煤层注水。

② 采空区灌水。

③ 采用湿式打眼与水炮泥。

④ 采掘机械的喷雾降尘。

⑤ 井下运输及转载点洒水降尘。

⑥ 水幕净化。

⑦ 对井下巷道定期清扫和冲刷。

⑧ 通风除尘。

⑨ 个体防护。个体防护的主要工具是防尘口罩。

（2）防爆措施

主要是杜绝井下一切高温火源，与预防瓦斯爆炸一样。

（3）隔爆措施

主要是在井下适当的地点设置岩粉棚和水棚。

三、矿井火灾防治

1. 矿井火灾的原因

造成火灾的主要原因有 3 个：可燃物的存在、有引燃火源和空气供给。三个要素缺少任何一个,火灾都不会发生。火灾发生后,去掉任何一个要素,火灾就会逐渐被消除。

(1)可燃物是可以燃烧的物质,如煤、木支架、不阻燃的风筒布和输送带、电缆、瓦斯、燃油等。

(2)热源是指具有一定温度且放出很多热量的火源。

(3)空气供给提供了燃烧所需的氧气,使火灾得以发生和发展。

2. 矿井火灾的危害

(1)产生有害气体

井下发生火灾后,产生大量的有害气体。高温火烟中,一氧化碳、二氧化硫等有害气体严重威胁着人们的生命安全。

(2)引起瓦斯、煤尘的爆炸

在有瓦斯、煤尘爆炸危险的矿井内,处理火灾时容易引起爆炸事故,扩大灾情及伤亡。

(3)产生火风压

火风压是指火灾产生的高温烟流流经有高差的井巷所产生的附加风压。火风压常造成风流紊乱,使某些巷道的风流方向发生逆转现象,受火灾范围的扩大,容易使灭火人员陷入火区。

(4)产生再生火源

炽热具有挥发性的烟流与相连接巷道新鲜风流交汇后燃烧,使火源下风侧可能出现若干再生火源,煤炭资源大量损失,且损坏机械设备。

3. 矿井火灾的分类

根据发生火灾的原因不同,一般把矿井火灾分为2类:外因火灾和内因火灾。

(1)外因火灾

外因火灾是指外部火源引起的火灾。

外因火灾的特点是突然发生、火势凶猛、可防性差,可能发生在井下任何地点,但多数发生在井口房、井筒、机电硐室、火药库以及安装有机电设备的巷道或工作面内。如果不及时处理,往往造成特大事故的发生。

(2) 内因火灾

内因火灾又称自燃火灾,它是由于煤炭或其他易燃物自身氧化集热、发生燃烧引起的火灾。

内因火灾的特点是发生在有限的条件下,有预兆,燃烧过程较为缓慢,伴生有害气体,不易早期发现,且火源隐蔽,有些发火地点很难接近,灭火难度大,时间长。

内因火灾大多数发生在采空区、遗留的煤柱、破裂的煤壁、煤巷的冒高处以及浮煤堆积的地点。

4. 外因火灾的预防措施

(1) 杜绝火源产生

① 井下严禁使用明火和吸烟。井口房和通风机房附近 20 m 范围内,不得有烟火或用火炉取暖。

② 井下进行电焊、气焊时,要制定专门可靠的安全措施。

③ 使用煤矿许用安全炸药,要严格执行爆破规定,不准用明火或其他电力电源爆破。

④ 采用矿用防爆型电气设备,其性能要完好。电缆敷设符合《煤矿安全规程》的要求,避免产生电火花。保护系统要安装齐全。井下严禁使用灯泡取暖或使用电炉。

⑤ 机械设备要灵活可靠并符合要求,避免产生摩擦火花。

(2) 设置防火门

进风井口设置防火铁门,使其能严密遮盖井口,易关闭,防止井口附近地面火灾波及井下。各生产水平进风大巷与井底车场的连接处要设 2 道防火门,以便在某一翼发生火灾时能迅速切断风流,控制火势。在井下火药库和机电硐室出入口也要安设防火门。

（3）设置消防器材和灭火设备

井下要按规定设消防材料库,储备灭火材料和工具,并要定期检查和更换。

（4）设置消防供水系统

每个矿井都要建地面消防水池,储存消防用水。井下各主要巷道、采区应铺设消防水管,每隔一定距离设置消防水闸门。

5.内因火灾的预防措施

（1）减少各种发火隐患

① 采矿技术方面:正确选择矿井的开拓方式,合理布置采区;正确选择采煤方法和开采程序;加强顶板管理,提高煤炭采出率;加快采煤速度,不得采掘按规定留设的阶段之间或采区之间的煤柱;进行预防性灌浆,注阻化剂、惰性气体等。

② 通风技术方面:选择合理的通风方式;正确设置控制风流的设施;加强通风防火管理。

（2）掌握自然发火预兆

掌握自然发火预兆,及时进行发火预测预报,把自然发火消灭在初始阶段。

（3）及时处理各种发火隐患

对采掘生产过程遗留下的发火隐患要及时进行处理,减少自然发火的概率。

四、矿井水灾防治

1.矿井涌水来源及危害

矿井水来源于地表水和地下水。

（1）地表水

地表水主要是指矿区附近地面的江河、湖泊、池沼、水库、废弃的露天坑、塌陷坑积水以及雨水和冰雪融化汇集的水。地表水可能沿开采塌陷裂缝涌入井下,雨季雨水可能通过土层的孔隙和岩层的细微裂缝渗透到井下。

16　　　　　　　　　　输送机操作工

（2）地下水

地下水主要是指含水层水、断层裂缝水和老空积水。这些水源可能从各种通道和岩层裂缝渗透进入井下，是水灾的主要来源。

（3）矿井水的危害

① 井下巷道和采掘工作面出现淋水时，空气潮湿，人易患风湿病。

② 矿井水腐蚀井下各种金属设备、支架、轨道等设施。

③ 如果发生突水和透水，就可能淹没采掘工作面或矿井，造成人员伤亡。

2. 矿井水灾事故的防治

（1）地表防治水

地表防治水可以概括为"疏、防、排、蓄"四个字。

① 疏。如果矿井四面是山，降水与地表水流不出去，可以开凿泄洪隧道，把矿区内汇集的水疏通到矿区外。

② 防。矿井井口标高、地面建筑物的基础标高都应高于当地历年的最高洪水位。矿井受山洪威胁时，在山坡上应修挖防洪沟堵截山洪。矿区地表的塌陷区，包括塌陷裂缝、塌陷洞等，要堵塞、填平压实。对漏水的沟渠、河流，应该整铺河底或改道。报废的地面钻孔要及时封好，防止地表水流入井下。

③ 排。对洪水季节河水有倒流现象的矿区，应在泄洪总沟的出口处建立水闸，设置排洪站，以备河水倒灌时用水泵向外排水。

④ 蓄。在矿区上游有利地形修建水库，雨季前把水放到最低水位，以获得最大蓄洪量，减少对矿井的威胁。

（2）井下防治水

井下水害防治比较复杂，要根据矿井的实际水患情况采取具体的防治措施。

① 做好矿井地质和水文地质观测工作，查明水源，调查老空

区积水,掌握用水通道。

② 超前探水。"预测预报,有疑必探,先探后掘,先治后采"是防治矿井水灾的重要原则。

五、采掘工作面顶板事故防治

顶板事故是煤矿五大自然灾害之一。世界主要产煤国家统计资料表明,冒顶事故总数占井下事故的 1/2。所以,认识煤层顶板、控制煤层顶板和预防顶板事故的发生是煤矿安全工作的重要内容。

1. 煤层的顶板

煤层上面的岩层叫顶板。根据顶板的坚硬程度(垮落的难易程度)及距煤层的距离,可把煤层顶板分为 3 类。

(1) 伪顶

伪顶是在煤层之上、紧贴煤层的一层松软岩层,一般厚度为 0.3~0.5 m。当煤层被采落时,伪顶也同时下落,落入煤中,影响煤质。

(2) 直接顶

直接顶是位于伪顶之上或煤层之上的顶板,它具有一定的稳定性。煤层被采落时,直接顶不会立即垮落,而是要在工作面悬露一定的时间才垮落。直接顶是采掘工作面支护的对象,如果支护好,就不会冒顶,否则会造成冒顶事故。

(3) 基本顶

基本顶是在直接顶上方的岩层,一般由坚硬岩层组成。基本顶在采空区上方悬露一定的面积后才能垮落。基本顶垮落后会给采煤工作面带来很大的压力,如果工作面支护不好,就会发生大面积冒顶伤人事故。

2. 易发生冒顶的地点

(1) 采煤工作面易冒顶的地点

采煤工作面易发生冒顶的地点可概括为"一道、一线、两出口"。

"一道"是指采煤工作面机道。机道上方支护力相对较小,加之若煤壁片帮及破煤后顶板支护不及时,顶板失去控制,极易发生局部冒顶。如果局部冒顶不及时,还会发生大面积的冒顶。

"一线"是指采煤工作面放顶线。在采煤工作面放顶线处,顶板易破碎,顶板压力也最大。在回柱放顶过程中,由于压力的重新分布,在回收支柱时,易发生顶板事故。

"两出口"是指采煤工作面的两个安全出口。在采煤工作面安全出口前后 10 m 范围之内,由于应力集中,压力很大,加之控制面积大、顶板破碎,发生冒顶的次数最多。

(2) 掘进工作面易冒顶的地点

掘进工作面易冒顶的地点在掘进工作面处。由于打眼、爆破工作对顶板震动破坏大、爆破后不及时支护、爆破打倒支护棚子等都易造成冒顶。另外,不采用前梁支架、不敲帮问顶而空顶作业也会发生冒顶事故。

第四节　自救、互救与现场急救

职工如能在事故初期及时采取措施,正确开展自救、互救,可以减少事故危害程度,减少人员的伤亡。

所谓"自救",就是矿井发生意外灾变事故时,在灾区或灾变影响区域的每个工作人员为避灾和保护自己而采取的措施和方法。而"互救"则是在有效的自救前提下为了妥善地救护他人而采取的措施及方法。为达到良好的自救和互救的成效,最大限度地减少损失,每个入井人员都必须熟知以下内容:

(1) 熟悉矿井的基本概况;

(2) 熟悉矿井的灾害预防和处理计划;

(3) 熟悉矿井的避灾路线和安全出口;

（4）掌握避灾方法，会使用自救器；

（5）掌握抢救伤员的基本方法及现场急救的操作技术。

矿井发生重大灾害事故的初期，波及的范围和危害一般较小，既是抢救和控制事故的有利时机，也是决定矿井和人员安全的关键时刻。灾区人员如何开展救灾和避灾，对保证灾区人员的自身安全和控制灾情的扩大具有重要的作用。即使在事故处理中的后期，也往往需要井下职工正确地避灾自救和帮助，才能提高抢险救灾的工作成效。

大量事实证明，当矿井发生灾害事故后职工在万分危急的情况下，依靠自己的智慧和力量，积极、正确地采取救灾、自救、互救措施，是最大限度地减少事故损失的重要环节。

一、发生事故时在场人员的行动准则

1. 及时报告灾情

发生灾变事故后，事故地点附近的人员应尽量了解或判断事故的性质、地点和危害程度，并迅速利用最近处的电话或其他方式向调度室汇报，向事故可能波及的区域发出警报，使其他工作人员尽快知道灾情。在汇报灾情时，要将看到的异常现象（火烟、飞尘等）、听到的异常声响、感觉到的异常冲击如实汇报，不能凭主观想象判定事故性质，以免给救灾指挥人员造成错觉，影响救灾。

2. 积极救灾

灾害事故发生后，处于灾区内以及受威胁区域的人员应沉着冷静，根据灾情和现场条件，在保证自身安全的前提条件下，采取积极有效的方法和措施，及时投入现场抢救，将事故消灭在初始阶段或控制在最小范围，最大限度地减少事故造成的损失。在抢救时，必须保持统一的指挥和严密的组织，严禁冒险蛮干和惊慌失措，严禁各行其是和单独行动；要采取防止灾区条件恶化和保障救灾人员安全的措施，特别要警惕中毒、窒息、爆炸、触电、二次突出、顶帮二次垮落等再生事故的发生。

　　3. 安全撤离

　　当受灾现场不具备事故抢险的条件，或可能危及人员的安全时，应由在场负责人或有经验的老职工带领，根据矿井灾害预防和处理计划中规定的撤退路线和当时当地的实际情况，尽量选择安全条件最好、距离最短的路线，迅速撤离危险区域。在撤退时，要服从领导、听从指挥，根据灾情使用防护用品和器具；要发扬团结互助的精神和先人后己的作风，主动承担工作任务，照顾好伤员和年老体弱者；遇有溜煤眼、积水区、垮落区等危险区段时，应探明情况谨慎通过。灾区人员撤出路线选择的正确与否决定自救的成败。

　　4. 妥善避灾

　　如无法撤退(通路冒顶阻塞、在自救器有效时间内不能到达安全地点等)，应迅速进入预先筑好的或就近地点快速建筑的临时避难硐室，妥善避灾，等待救护队的救援，切忌盲目行动。

　　二、现场创伤急救技术

　　现场创伤急救技术包括人工呼吸、心脏复苏、止血、创伤包扎、骨折临时固定和伤员搬运。

　　1. 人工呼吸(口对口吹气法)

　　口对口吹气法是效果最好、操作最简单的一种现场急救方法。操作前使伤员仰卧，救护者在其头部的一侧，一只手托起伤员上颌，并尽量使其头部后仰，另一只手将其鼻孔捏住，以免吹气时从鼻孔漏气。救护者自己深吸一口气，紧对伤员的口将气吹入，使伤员吸气，然后松开捏鼻子的手，并用一只手压其胸部以帮助伤员呼气，如此有节律地、均匀地反复进行，每分钟应吹气14~16次。注意吹气时切忌过猛、过短，也不宜过长，以占一次呼吸周期的1/3为宜。操作步骤如图1-1所示。

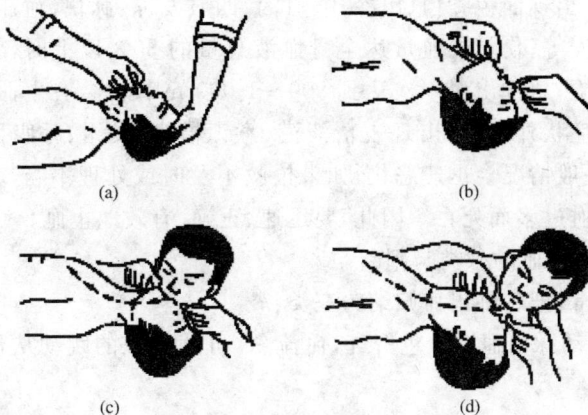

图 1-1　口对口吹气法

2. 心脏复苏(胸外心脏按压术)

胸外心脏按压术适用于抢救各种原因造成的心跳骤停者。在胸外心脏按压前,应先做心前区叩击术,如果叩击无效,应及时正确地进行心脏按压。其操作的方法是:首先使伤员仰卧在木板上或地上,解开其衣和腰带,脱掉鞋子;救护者双手重叠置于伤员胸骨 1/3 处,用力向下按压(不宜过大和过小),使胸骨压下 3～4 cm;按压后,迅速抬手使胸骨复位,以利于心脏的舒张。按压次数以每分钟 60～80 次为宜。

3. 心脏复苏(胸外心脏按压术)与口对口吹气法结合

胸外心脏按压与口对口吹气应同时进行,一般每按心脏 30次,做口对口吹气 2 次。急救时,应该坚持不停,直到专业人员到来。

4. 止血

(1)概述

创伤会使血管破裂出血,特别是较大的动脉血管损伤,会引起大出血,在伤员失血量达血液总量的 20% 以上时,生命活动就有困难,出现面色苍白、出冷汗、口渴、四肢发凉、脉快、血压下降、烦躁不安等;伤员失血量达全身血液总量的 30% 以上时,就有死亡的危险;急性出血一次达到 800～1 000 mL,就会有生命危险。除上述症状外,还会出现表情淡漠、意识模糊、发绀、呼吸困难等症状,一般情况会迅速恶化,如果抢救不及时或处理不当,就会使伤员出血过多而死亡。因此,要迅速、正确、有效地止血。

（2）出血的种类与判断

通常,把各种出血归纳为三类:

① 动脉出血。血色鲜红,血流急,可随心脏的跳动从伤口向外喷射。

② 静脉出血。血色暗红,缓缓地从伤口流出。

③ 毛细血管出血。血色鲜红,呈水珠状从创面渗出,看不到明显出血点,可自行凝结。

在伤员失血过多的时候,应先判断是外出血还是内出血,是大血管破裂还是中、小血管破裂,以便采取相应的止血措施。

外出血一见可知,不容忽视,然而在紧急情况下,背部伤口出血或被衣服遮盖,外边看不到血迹常被忽视,应引起急救者的注意,尤其是内出血更要引起注意。当伤员出现面色苍白、出冷汗、口渴、脉快而弱、血压低、四肢发凉、呼吸浅快、意识障碍等情况,而身体表面无血迹时,要考虑到伤员有内出血的可能性。

（3）止血法

止血方法很多,常用暂时性的止血方法有指压止血法、加垫屈肢止血法、止血带止血法和加压包扎止血法 4 种。

① 指压止血法。即在伤口附近靠近心脏一端的动脉处,用拇指压住出血的血管,以阻断血流。此法是用于头面部及四肢大出血的暂时性止血措施;在指压止血的同时,应立即寻找材料,准备换用其他止血方法。

② 加垫屈肢止血法。当前臂和小腿动脉出血不能制止时,如

果没有骨折和关节脱位,这时可采用加垫屈肢止血法止血。

在肘窝处或膝窝处放入叠好的毛巾或布卷,然后屈肘关节或屈膝关节,再用绷带或宽布条等将前臂与上臂或小腿与大腿固定,如图1-2所示。

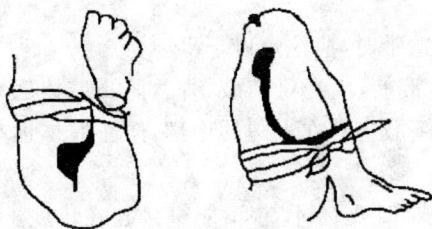

图1-2 加垫屈肢止血法

③ 止血带止血法。当上肢或下肢大出血时,在井下可就地取材,使用胶管或止血带等,压迫出血伤口的近心端进行止血,如图1-3所示。

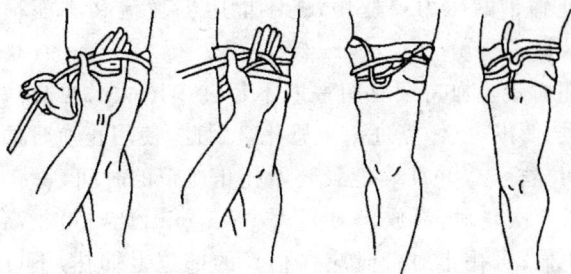

图1-3 止血带止血法

止血带的使用方法如下:

a. 在伤口近心端上方先加垫。

b. 急救者左手拿止血带,上端留17 cm,紧贴加垫处。

c. 右手拿止血带长端,拉紧环绕伤肢伤口近心端上方两周,然后将止血带交左手中、食指夹紧。

d. 左手中、食指夹止血带,顺着肢体下拉成环。

e. 将上端一头插入环中拉紧固定。

f. 在上肢应扎在上臂的上 1/3 处,在下肢应扎在大腿的中下 1/3 处。

在使用止血带时,应注意以下事项:

a. 扎止血带前,应先将伤肢抬高,防止肢体远端因淤血而增加失血量。在下肢应扎在大腿的中部,防止肢体远端因淤血而增加失血量。

b. 扎止血带时要有衬垫,不能直接扎在皮肤上,以免损伤皮下神经。

c. 前臂和小腿不适于扎止血带,因其均有两根平行的骨干,骨间可通血流,所以止血效果差。但在肢体离断后的残端可使用止血带,要尽量扎在靠近残端处。

d. 禁止扎在上臂的中段,以免压伤桡神经,引起腕下垂。

e. 止血带的压力要适中,既不能阻断血流又不能损伤周围组织。

f. 止血带止血持续时间一般不超过 1 h,太长可导致肢体坏死,太短会使出血、休克进一步恶化。因此,使用止血带的伤员必须配有明显标志,并准确记录开始扎止血带的时间,每 0.5~1 h 缓慢放松一次止血带,放松时间为 1~3 min,此时可抬高伤肢压迫局部止血;再扎止血带时应在稍高的部位上绑扎,不可在同一部位反复绑扎。使用止血带的时间不宜超过 2 h,应尽快将伤员送到医院救治。

④ 加压包扎止血法。主要适用于静脉出血的止血。方法是将干净的纱布、毛巾或布料等盖在伤口处,然后用绷带或布条适当加压包扎,即可止血。压力的松紧度以能达到止血而不影响伤肢血循环为宜。

5. 创伤包扎

现场进行创伤包扎可就地取材，如毛巾、手帕、衣服撕成的布条等。

包扎的方法有布条包扎法和毛巾包扎法。

(1) 布条包扎法

① 环形包扎法。该法将头部、颈部、腕部及胸部环形重叠缠绕肢体数圈后即成。

② 螺旋包扎法。该法用于前臂、下肢和手指等部位的包扎。先用环形法固定起始端，把布条渐渐地斜旋上缠或下缠，每圈压前圈的 1/2 或 1/3，呈螺旋形，尾部在原位上缠 2 圈后予以固定。

③ 螺旋反折包扎法。该法多用于粗细不等的四肢包扎。开始先进行螺旋形包扎，待到渐粗的地方，以一手拇指按住布条上面，另一手将布条自该点反折向下，并遮盖前圈的 1/2 或 1/3。各圈反折必须排列整齐，反折头不宜在伤口和骨头突出部分。

④ "8"字包扎法。该法多用于关节处的包扎。先在关节中部环形包扎两圈，然后以关节为中心，从中心向两边缠，一圈向上，一圈向下，两圈在关节屈侧交叉，并压住前圈的 1/2。

(2) 毛巾包扎法

① 头顶部包扎法。将毛巾横盖于头顶部，包住前额，两角拉向头后打结，两后角拉向下颌打结。或者是毛巾横盖于头顶部，包住前额，两前角拉向头后打结，然后两后角向前折叠，左右交叉绕到前额打结。如毛巾太短可接带子。

② 面部包扎法。将毛巾横置，盖住面部，向后拉紧毛巾的两端，在耳后将两端的上、下角交叉后分别打结，眼、鼻、嘴处剪洞。

③ 下颌包扎法。将毛巾纵向折叠成四指宽的条状，在一端扎一小带，毛巾中间部分包住下颌，两端上提，小带经头顶部在另一侧耳前与毛巾交叉，然后小带绕前额及枕部与毛巾另一端打结。

④ 肩部包扎法。单肩包扎时，毛巾斜折放在伤侧肩部，腰边

穿带子在上臂固定,叠角向上折,一角盖住肩的前部,从胸前拉向对侧腋下,另一角向上包住肩部,从后背拉向对侧腋下打结。

⑤ 胸部包扎法。全胸包扎时,毛巾对折,腰边中间穿带子,由胸部围绕到背后打结固定。胸前的两片毛巾折成三角形,分别将角上提至肩部,包住双侧胸,两角各加带过肩到背后与横带相遇打结。

⑥ 背部包扎法。背部包扎法与胸部包扎法相同。

⑦ 腹部包扎法。将毛巾斜对折,中间穿小带,小带的两部拉向后方,在腰部打结,使毛巾盖住腹部。将上、下两片毛巾的前角各扎一小带,分别绕过大腿根部与毛巾的后角在大腿外侧打结。

⑧ 臀部包扎法。臀部包扎法与腹部包扎法相同。

（3）包扎时的注意事项

① 包扎时,应做到动作迅速敏捷,不可触碰伤口,以免引起出血、疼痛和感染。

② 不能用井下的污水冲洗伤口。伤口表面的异物（如煤块、矸石等）应去除,但深部异物需运至医院取出,防止重复感染。

③ 包扎动作要轻柔,松紧度要适宜,不可过松或过紧,结头不要打在伤口上,应使伤员体位舒适,包扎部位应维持在功能位置。

④ 脱出的内脏不可纳回伤口,以免造成体腔内感染。

⑤ 包扎范围应超出伤口边缘 5～10 cm。

6. 骨折临时固定

骨折固定可减轻伤员的疼痛,防止因骨折端移位而刺伤邻近组织、血管、神经,也是防止创伤休克的有效急救措施。

（1）操作要点

① 在进行骨折固定时,应使用夹板、绷带、三角巾、棉垫等物品。手边没有上述物品时,可就地取材,如板劈、树枝、木板、木棍、硬纸板、塑料板、衣物、毛巾等均可代替。必要时也可将受伤肢体固定于伤员健侧肢体上,如伤指可与邻指固定在一起,下肢

骨折可与健侧绑在一起。若骨折断端错位，救护时暂不要复位，即使断端已穿破皮肤露出外面，也不可进行复位，而应按受伤原状包扎固定。

② 骨折固定应包括上、下两个关节，在肩、肘、腕、股、膝、踝等关节处应垫棉花或衣物，以免压破关节处皮肤，固定应以伤肢不能活动为度，不可过松或过紧。

③ 搬运时要做到轻、快、稳。

（2）固定方法

① 上臂骨折。于患侧腋窝内垫以棉垫或毛巾，在上臂外侧安放垫衬好的夹板或其他代用物，绑扎后，使肘关节屈曲90°，将患肢捆于胸前，再用毛巾或布条将其悬吊于胸前。

② 前臂及手部骨折。用衬好的两块夹板或代用物，分别置放在患侧前臂及手的掌侧及背侧，以布带绑好，再以毛巾或布条将臂吊于胸前。

③ 大腿骨折。用长木板放在患肢及躯干外侧，半髋关节、大腿中段、膝关节、小腿中段、踝关节同时固定。

④ 小腿骨折。用长、宽合适的两块木夹板自大腿上段至踝关节分别在内、外两侧捆绑固定。

⑤ 骨盆骨折。用衣物将骨盆部包扎住，并将伤员两下肢互相捆绑在一起，膝、踝间加以软垫，屈髋，屈膝。要多人将伤员仰卧平托在木板担架上。有骨盆骨折者，应注意检查有无内脏损伤及内出血。

⑥ 锁骨骨折。以绷带作"∞"形固定，固定时双臂应向后伸。

7. 伤员搬运

井下条件复杂，道路不畅，转运伤员要尽量做到轻、稳、快。没有经过初步固定、止血、包扎和抢救的伤员，一般不应转运。搬运时应做到不增加伤员的痛苦，避免造成新的损伤及并发症。搬运时应注意以下事项：

（1）呼吸、心搏骤停及休克昏迷的伤员应先及时复苏后再搬运。在没有懂得复苏技术的人员时，可为争取抢救的时间而迅速向外搬运，去迎接救护人员进行及时抢救。

（2）对昏迷或有窒息症状的伤员，要把肩部稍垫高，使头部后仰，面部偏向一侧或采用侧卧位和偏卧位，以防胃内呕吐物或舌头后坠堵塞气管而造成窒息，注意随时都要确保呼吸道的通畅。

（3）一般伤员可用担架、木板、风筒、刮板输送机槽、绳网等运送，但脊柱损伤和骨盆骨折的伤员应用硬板担架运送。

（4）对一般伤员均应先行止血、固定、包扎等初次救护后，再进行转运。

（5）一般外伤的伤员，可平卧在担架上，伤肢抬高。胸部外伤的伤员可取半坐位。有开放性气胸者，需封闭包扎后，才可转运。腹腔部内脏损伤的伤员，可平卧，用宽布带将腹腔部捆在担架上，以减轻痛苦及出血。骨盆骨折的伤员可仰卧在硬板担架上，屈髋、屈膝，膝下垫软枕或衣物，用布带将骨盆捆在担架上。

（6）搬运胸、腰椎损伤的伤员时，先把硬板担架放在伤员旁边，由专人照顾患处，另有两三人在保持其脊柱伸直位的同时用力轻轻将伤员推滚到担架上。推动时用力大小、快慢要保持一致，要保证伤员脊柱不弯曲。伤员在硬板担架上取仰卧位，受伤部位垫上薄垫或衣物，使脊柱呈过伸位，严禁坐位或肩背式搬运。

（7）对脊柱损伤的伤员，要严禁其坐起、站立和行走。也不能用一人抬头、一人抱腿或人背的方法搬运，因为当脊柱损伤后，再弯曲活动时，有可能损伤脊髓而造成伤员截瘫甚至突然死亡，所以在搬运时要十分小心。

在搬运颈椎损伤的伤员时，要专有一人把持伤员的头部，轻轻地向水平方向牵引，并且固定在中立位，不使颈椎弯曲，严禁左右转动。搬运者多人双手分别托住颈肩部、胸腰部、臀部及两下肢，同时用力移上担架，取仰卧位。担架应用硬木板，肩下应垫软枕或衣物,使颈椎呈伸展样(颈下不可垫衣物),头部两侧用衣物固定,防止颈部扭转,且忌抬头。若伤员的头和颈已处于歪曲位置,则需按其自然固有姿势固定,不可勉强纠正,以避免损伤脊髓而造成高位截瘫,甚至突然死亡。

(8)转运时应让伤员的头部在后面,随行的救护人员要时刻注意伤员的面色、呼吸、脉搏,必要时要及时抢救。随时注意观察伤口是否继续出血、固定是否牢靠,出现问题要及时处理。上、下山时,应尽量保持担架平衡,防止伤员从担架上翻滚下来。

(9)运送到井上,应向接管医生详细介绍受伤情况及检查、抢救经过。

第二章 机械检修基本知识

第一节 机械制图基本知识

图样是工程界的共同语言,是现代机器制造过程中的主要依据,用来指导生产、安装、维护、检修和进行技术交流。机械图样反映了机器零件的形位、大小尺寸以及保证机器制造质量的技术要求等内容。

一、投影法

机件的形状虽然各不相同,但都是由各种几何形体组合而成的,它们的图形也是由一系列的几何图形组成的。机械制图就是用平面上的图形表达空间形体的过程,常用方法为投影法。

投影法是从物体与影子之间的对应关系规律中,创造出的一种在平面上表达空间物体的方法。

投影法分为中心投影和平行投影。机械制图中较常用的为平行投影法。平行投影法即投射线相互平行的投影方法,可分为斜投影法[投射线与投影面相倾斜的平行投影法,如图 2-1(a)所示]、正投影法[投射线与投影面相垂直的平行投影法,如图 2-1(b)所示],因正投影法能准确、完整地表达出形体的形状和结构,且作图简便,度量性较好,故工程中较常使用。

二、三视图

因为是用二维的方式展现三维物体,一般来说只用一个方向的投影来表达形体是不确定的(图 2-2),通常需将形体向几个方向投影,才能完整清晰地表达出形体的形状和结构。

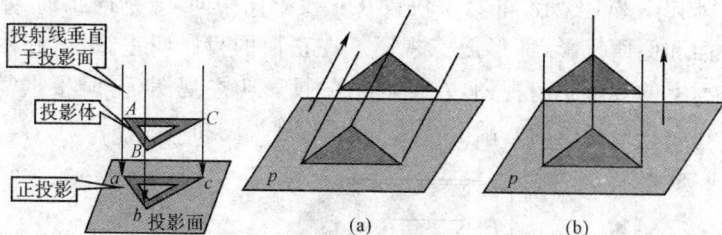

图 2-1　斜投影和正投影

(a) 斜投影；(b) 正投影

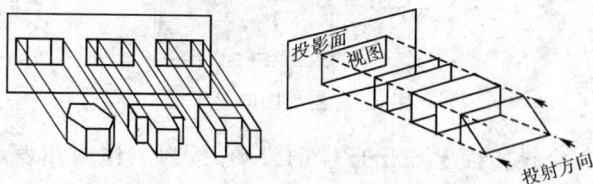

图 2-2　一个投影不能确定空间物体的情况

1. 三投影面体系

选用三个互相垂直的投影面,建立三投影面体系,如图 2-3 所示。在三投影面体系中,三个投影面分别用 V(正面)、H(水平面)、W(侧面)来表示。三个投影面的交线 OX、OY、OZ 称为投影轴,三个投影轴的交点 O 称为原点。

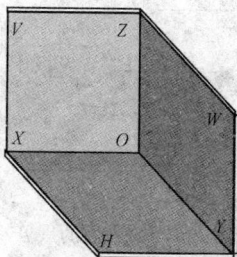

图 2-3　三投影面体系

2. 三视图的形成

如图 2-4 所示,将 L 形块放在三投影面中间,分别向正面、水平面和侧面投影,即形成三视图。在正面的投影叫主视图,在水平面上的投影叫俯视图,在侧面上的投影叫左视图(有时根据需要也会在三视图的基础上增加右视图、仰视图和后视图)。

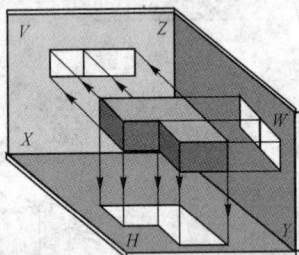

图 2-4　三视图的形成

在三个投影面上作出形体的投影后,为了作图和表示的方便,将空间三个投影面展开摊平在一个平面上,如图 2-5 所示,其展开方法是:V 面保持不动,将 H 面和 W 面按图中箭头所指方向分别绕 OX 和 OZ 轴旋转 $90°$,使 H 面和 W 面均与 V 面处于同一平面内,于是将三个图放到了同一张图纸上,即三视图的展开图(图 2-6)。

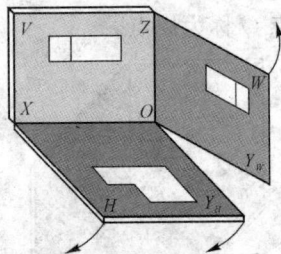

图 2-5　投影面的展开

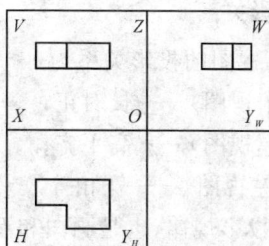

图 2-6 三视图的展开图

从上述三面投影图的形成过程可知,各面投影图的形状和大小均与投影面的大小无关。另外,可以想象,如果形体上、下、前、后、左、右平行移动,该形体的三面投影图仅在投影面上的位置有所变化,而其形状和大小是不会发生变化的,即三面投影图的形状和大小与形体和投影面的距离也即与投影轴的距离无关。因此,在画三面投影图时,一般不画出投影面的大小(即不画出投影面的边框线),也不画出投影轴。

习惯上将投影图称为视图,国家标准规定:V 面投影图称为主视图;H 面投影图称为俯视图;W 面投影图称为左视图。如图 2-7 所示。

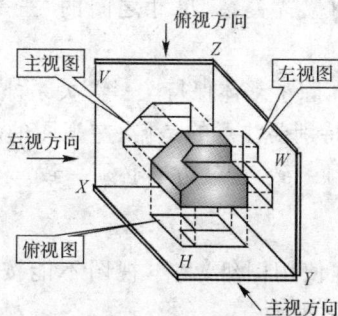

图 2-7 三视图

三、三视图的投影关系

如图 2-8 所示,三视图的投影关系为:

V 面、H 面(主、俯视图)——长对正;

V 面、W 面(主、左视图)——高平齐;

H 面、W 面(俯、左视图)——宽相等。

这是三视图间的投影规律,也是画图和看图的依据。

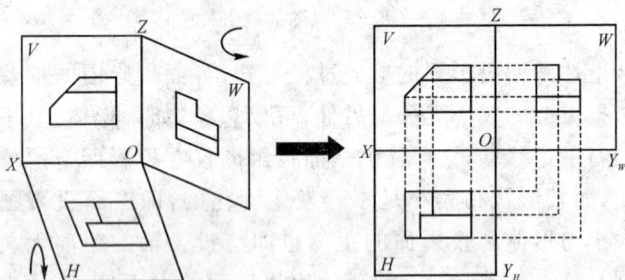

图 2-8　三视图的投影关系

(1)机械制图主要采用"正投影法",它的优点是能准确反映形体的真实形状,便于度量,能满足生产上的要求。

(2)三个视图都是表示同一形体,它们之间是有联系的,具体表现为视图之间的位置关系、尺寸之间的"三等"关系以及方位关系。

(3)三视图中,除了整体保持"三等"关系外,每一局部也保持"三等"关系,其中特别要注意的是俯、左视图的对应,在度量宽相等时,度量基准必须一致,度量方向必须一致。

四、向视图

有时为了合理使用图纸,基本视图不能按照配置关系布置时,可以用向视图来表示。

向视图是可以自由配置的视图。向视图必须标注,即在向视图的上方用大写拉丁字母标注"X",在相应视图的附近用箭头指明投射方向,并标注相同的字母,如图 2-9 所示。

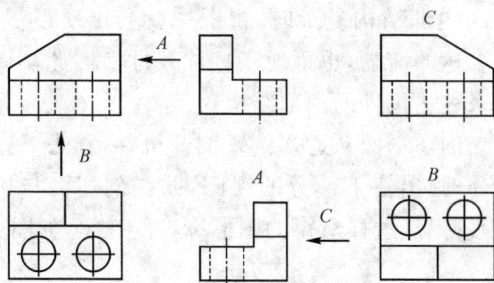

图 2-9 向视图配置及标注

五、局部视图

将机件某一部分向基本投影面投射所得的视图叫局部视图,它常用于表达机件上局部结构的外形。如图 2-10 所示机件左边凸台的端面形状用局部的左视图表示,右边的 U 形槽用局部视图 B 表示。

当局部视图按基本视图的配置形式配置时,可省略标注,即图 2-10 中的 A 向局部视图可省略标注。

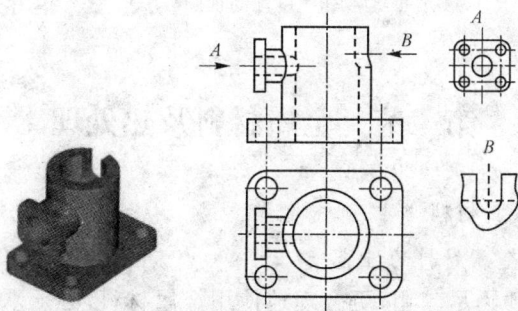

图 2-10 局部视图

六、剖视图

当机件的内部结构复杂时,视图中就会出现很多虚线,这样既影响图形表达的清晰,也不便于标注尺寸。因此制图标准规定采用剖视图来表达机件的内部结构。

假想用一剖切平面从适当位置剖开机件,移去观察者和剖切面之间的部分,画出留下部分的视图,并在剖切面与机件接触的部分画上剖面符号,这样所得的图形称为剖视图,如图 2-11 所示。

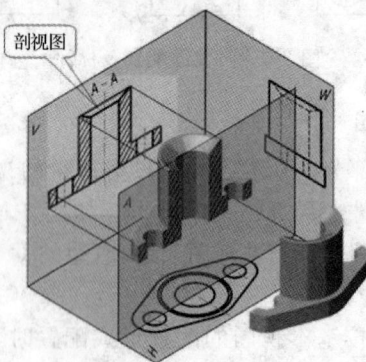

图 2-11　剖视图

第二节　金属材料及热处理

一、金属材料

(一)金属材料的性能

为做到物尽其用,更合理地使用金属材料,必须掌握各种金属材料的性能。金属材料的性能分为使用性能和工艺性能。使用性能是指金属材料在使用过程中反映出来的特性,它决定金属材料的应用范围、安全可靠性和使用寿命。使用性能又分为机械性能、物理性能和化学性能。工艺性能则是指金属材料在制造加工过程中反映出来的各种特性,是决定它是否易于加工或如何进行加工的重要因素。

在使用过程中,机械零件或工具往往要受到各种形式外力的作用。如减速机的轴系零件要受到弯矩、扭力的作用,提升机的钢丝绳受到悬吊在井筒中罐笼的拉力作用……这就要求机械零件或工具所使用的金属材料必须具有在承受正常工作载荷时,变形程度不超限或不被破坏的能力,这种能力通常称为材料的使用性能。材料的使用性能包括物理性能(如比重、熔点、导电性、导热性、热膨胀性、磁性等)、化学性能(耐用腐蚀性、抗氧化性)、力学性能(也叫机械性能)。

在选用金属材料和制造机械零件时,主要考虑机械性能和工艺性能。在某些特定条件下工作的零件,还要考虑物理性能和化学性能。

1. 金属材料的机械性能

各种机械零件或者工具,在使用时都将承受不同的外力,如拉力、压力、弯曲、扭转、冲击或摩擦等的作用。为了保证零件能长期正常使用,金属材料必须具备抵抗外力而不破坏或变形的性能,这种性能称为机械性能,即金属材料在外力作用下所反映出来的力学性能。金属材料的机械性能是零件设计计算、选择材料、工艺评定以及材料检验的主要依据。不同的金属材料表现出来的机械性能是不一样的。衡量金属材料机械性能的主要指标有强度、塑性、硬度、韧性和疲劳强度等。

(1)强度

金属材料在外力作用下抵抗变形和断裂的能力称为强度。按外力作用的方式不同,可分为抗拉强度、抗压强度、抗弯强度和抗扭强度等。一般所说的强度是指抗拉强度,它是用金属拉伸试验方法测出来的。

（2）硬度

金属材料抵抗集中负荷作用的性能称为硬度。换句话说，硬度是金属材料抵抗硬物压入的能力。材料的硬度是强度、塑性和加工硬化倾向的综合反映。硬度与强度之间往往有一定的概略比例关系，并在很大程度上反映出材料的耐磨性能。

（3）疲劳强度

金属材料在重复或交变负荷的作用下，循环一定次数后，断裂时所能承受的最大应力称为疲劳强度。

在断裂的零件中，绝大多数是交变负荷下工作的，如各种机器的主轴、齿轮、弹簧等。它们的主要破坏形式是疲劳断裂，而且疲劳断裂中大多数是突然发生的，通常所承受的应力也小于材料的屈服强度。因此，疲劳断裂具有很大的危险性。

材料的疲劳极限是材料机械性能中最敏感的性能之一，受各种内因和外因的影响。例如工作时的负荷性质、环境温度和介质，零件的几何尺寸、表面加工的质量及处理及材料的化学成分、内部组织及缺陷等，都显著地影响疲劳极限。

2. 工艺性能

金属材料的工艺性能是反映金属材料在各种加工过程中适应加工工艺要求的能力。它是物理性能、化学性能和机械性能的综合表现。工艺性能主要有可焊性、可锻性、切削加工性、铸造性和热处理性等。

（二）钢铁材料的分类

1. 碳钢

碳钢又称碳素钢，是铁碳合金。钢中还有锰和硅以及杂质硫、磷。钢材的性能主要取决于碳的含量。

（1）碳钢的分类

① 按照含碳量分类

a. 低碳钢（含碳量小于 0.25%），主要用于冷加工和合金结构，广泛用于厂房、桥梁、锅炉、船舶等行业。

b. 中碳钢（含碳量在 0.25%～0.6%之间），主要用于强度要求较高的结构，根据强度要求的不同可进行淬火和回火。

c. 高碳钢（含碳量大于等于 0.6%），主要用来制造弹簧钢和耐磨部件。

② 按照质量分类

a. 普通碳素钢含硫量小于等于 0.05，含磷量小于等于 0.045。

b. 优质碳素钢含硫量小于等于 0.035，含磷量小于等于 0.035。

c. 高级优质碳素钢含硫量小于等于 0.03，含磷量小于等于 0.035。

（2）碳钢的表示方法

① 普通碳钢的表示方法

普通碳钢一般用"屈服强度第一个拼音字母＋材料屈服点值＋质量等级＋脱氧方法"表示。

例如：Q235-AF，Q 为材料屈服点的"屈"字拼音字母首字大写，代表碳素钢；235 表示材料的屈服点值为 235 N/mm^2；A 表示质量等级，共分 A、B、C、D 四级，D 级质量最好，A 级最差；F 指脱氧方法为沸腾钢。带式输送机托辊用的钢管一般用 Q215、Q235 的 A 级或 B 级钢制造。

② 碳素结构钢的表示方法

碳素结构钢又称优质碳素结构钢，具有较高的力学性能和加工性能，一般用来制造重要的机械零件。

优质碳素结构钢的表示方法是：含碳量＋脱氧方法或化学符合＋质量等级。例如 50MnFA，其中 50 指材料的平均含碳量为万分之五十的数值表示，即含碳量 0.5%；Mn 表示合金元素，当锰含量为 0.7%～1.0%时，须标出"Mn"字，否则不标；F 指脱氧方法为沸腾钢；A 则表示质量等级，无此号为优质，有 A 表示为高级优质。

若为专用碳素结构钢，则应在牌号后标出规定的符号，如：

20g 表示为含碳量小于等于 0.20％的锅炉用钢,20R 则表示含碳量小于等于 0.20％的压力容器用钢。

③ 碳素工具钢的表示方法

碳素工具钢含碳量范围为 0.65％～1.35％,一般用于制作刃具、模具和量具。与合金工具钢相比,其加工性良好,价格低廉,使用范围广泛,所以它在工具生产中用量较大。碳素工具钢分为碳素刃具钢、碳素模具钢和碳素量具钢。碳素刃具钢指用于制作切削工具的碳素工具钢,碳素模具钢指用于制作冷、热加工模具的碳素工具钢,碳素量具钢指用于制作测量工具的碳素工具钢。

碳素工具钢采用标准化学元素符号、规定的符号和阿拉伯数字表示。阿拉伯数字表示平均含碳量(以千分之几计)。普通含锰量碳素工具钢,在工具钢符号 T 后为阿拉伯数字。如:平均含碳量为 0.80％的碳素工具钢,其牌号表示为 T8。较高含锰量的碳素工具钢,在工具钢符号 T 和阿拉伯数字后加锰元素符号,例如 T8Mn。高级优质碳素工具钢,在牌号尾部加 A,例如 T8MnA。

④ 铸造碳钢的表示方法

铸造碳钢具有较高的强度、塑性和韧性,成本较低,可以用于浇注铸件,一般在重型机械中用于制造承受大负荷的零件,如轧钢机机架、水压机底座等。铸造碳钢含碳量一般在 0.2％～0.6％之间。随着含碳量的增加,铸造碳钢的强度增大,硬度提高。

铸造碳钢一般用“铸钢”二字的拼音首字母“ZG”后加两组数字组成。如 ZG200-400 中 ZG 是铸钢二字拼音字母的首字,200为屈服强度值,400 为抗拉强度值。

2. 合金钢

合金钢是在碳素钢的基础上,加入一种或几种合金元素(如锰、钼、镍、铬、钒、钛、钨)和稀土,使其具有特殊的物理性能、抗氧化性能和抗腐蚀性能。

合金钢可按化学成分、合金系统、组织状态、用途和使用性能不同进行分类。

(1) 按合金元素的含量分类

① 低合金钢合金元素总含量小于等于 5%；

② 中合金钢合金元素总含量在 5%～10% 之间；

③ 高合金钢合金元素总含量大于等于 10%。

(2) 按合金元素的种类分类

有铬钢、锰钢、铬锰钢、铬镍钢、铬镍钼钢、硅锰钼钒钢等。

(3) 按主要用途分类

① 合金结构钢。又可分为建筑、工程用结构钢和机械制造用结构钢。

② 合金工具钢。用于制造各种刃具、模具及量具的钢材。

③ 特殊性能钢。是指具有某种特殊物理性能或化学性能(耐高温、低温、硫腐蚀)的钢,例如不锈钢、耐热钢、耐磨钢等,通常都是高合金钢。

(4) 合金结构钢表示方法

合金结构钢的表示方法是:前面两位数表示平均含碳量的万分数(不锈钢和耐热钢是千分数),后面的元素代号表示该钢所含的合金元素,元素代号的后面数字表示该元素平均含量的百分数,若不标注数字则表示该元素的质量分数小于 1.5%。属专门用途的在尾部注专用符号,属高级优质钢,则最好加注"A"。

例如 0Cr18Ni9A 表示平均含碳量为小于 0.07%、Cr 含量为 18%、Ni 含量为 9% 的高级优质不锈钢。

(5) 合金工具钢的表示方法

钢中合金元素含量的表示方法,基本上与合金结构钢相同。但对于铬含量较低的合金工具钢钢号,其铬含量以千分之几表示,并在表示含量的数字前加"0",以便把它和一般元素含量按百分之几表示的方法区别开来,例如 Cr06。

合金工具钢钢号的平均碳含量大于等于 1.0% 时，不标出碳含量；当平均碳含量小于 1.0% 时，以千分之几表示，例如 Cr12、CrWMn、9SiCr、3Cr2W8V。

（6）特殊性能钢的表示方法

特殊性能钢的表示方法基本与合金工具钢相同。如 2Cr13 表示含碳量为 0.2%、含铬量为 13% 的不锈钢。为了表示钢的特殊用途，在编号前加特殊字母，如 GCr15 中"G"表示用做滚动轴承的钢。

3. 铸铁

铸铁是含碳量大于 2.11% 的铁碳合金。工业上常用的铸铁除含有碳之外，还有硅、锰等元素以及杂质硫和磷，而在合金铸铁中，加入了其他一些元素，如铬、钼、铜和铝等。

与钢相比，铸铁的抗拉强度、塑性和韧性比较差，不能进行压力加工。但它具有优良的铸造性、可切削加工性、减震性和耐磨性，而且它的生产设备与工艺简单，价格低廉。如按重量计算，矿山设备中铸铁用量占到 50%～80%。

根据铸铁中碳元素的分布形式不同，铸铁可以分为以下几种。

（1）白口铸铁

不含石墨的铸铁，断口成银白色。具有很大的硬度和脆性。很难进行机械加工，一般只能直接用于铸造状态或炼钢。

（2）灰口铸铁

国家标准规定用"HT"代表灰口铸铁，其后的数字代表该铸铁的最低抗拉强度，如 HT200 表示最低抗拉强度为 200 N/mm² 的灰口铸铁。

（3）球墨铸铁

石墨呈圆球状的铸铁称为球墨铸铁，球墨铸铁不仅机械性能远远超过灰口铸铁，而且同样具有灰口铸铁的一系列优点，如良好的铸造性能、减摩性能、切削加工性能以及低的缺口敏感性。规定"QT"代表球墨铸铁,其后的第一组数字表示抗拉强度,第二组数字表示延伸率。例如,QT400-18 是抗拉强度不低于 400 N/mm² 、延伸率不低于 18％的铁素体球墨铸铁。

(4)可锻铸铁

可锻铸铁是由白口铸铁经石墨化退火而获得的一种铸铁。可锻铸铁具有较高的抗拉强度、塑性与韧性。

4.铜合金

铜合金有青铜与黄铜之分。黄铜是铜和锌的合金,并含有少量的锰、铝、镍等,它具有很好的塑性及流动性,故可进行碾压和铸造。青铜可分为含锡青铜和不含锡青铜两类,它们的减摩性和抗腐蚀性均较好,也可用于碾压和铸造。此外,还有轴承合金(或称巴氏合金),主要用于制作滑动轴承的轴承衬。

二、金属材料的热处理工艺

在机械制造中,所有工具及重要零件都必须进行热处理。热处理是将金属或合金采用适当的方式进行加热、保温和冷却,以获得所需要的组织结构与性能的工艺。热处理之所以能使钢的性能发生变化,是因为钢的组织发生了变化的结果。

根据热处理规范及组织性能变化的特点,通常将热处理分为普通热处理和表面热处理。

1.普通热处理

普通热处理包括退火、正火、淬火和回火。

退火是将工件加热到适当温度,根据材料和工件尺寸采用不同的保温时间,然后进行缓慢冷却的方法。其目的是使晶粒细化和碳化物分布均匀化,并为后续热处理(例如淬火等)做好准备。

正火是将工件加热到适宜的温度后在空气中冷却,正火的效果同退火相似,只是因为正火冷却速度比退火冷却速度稍快,得到的组织更细,常用于改善材料的切削性能,有时也用于一些要求不高的零件的最终热处理。

淬火是将工件加热保温后,在水、油或其他无机盐、有机水溶液等淬冷介质中快速冷却。淬火可以提高钢件的硬度、耐磨性、弹性极限与疲劳极限,但同时变脆。

为了降低钢件的脆性,提高韧性和塑性,将淬火后的钢件在高于室温而低于650 ℃的某一适当温度进行长时间的保温,再进行冷却,这种工艺称为回火。

2. 表面热处理

表面热处理包括表面淬火和化学热处理(渗碳、氮化、碳氮共渗等)。

第三节　机械润滑和摩擦

一、摩擦的分类

摩擦是普遍存在的一种物理现象,接触的物体之间发生相对运动就会产生摩擦。机械摩擦会造成机械设备的效率降低,温度升高,表面磨损。过度的磨损还会导致设备的生产精度降低,噪声和振动增加,缩短设备的有效工作寿命。

摩擦的分类方法有很多,在机械工程中,常按摩擦副的润滑状态分为以下四类:

(1)干摩擦:两接触表面间无任何润滑介质存在时的摩擦。在工程实际中,并不存在真正的干摩擦,因为任何零件的表面不仅会因氧化而形成氧化膜,而且多少也会被含有润滑剂分子的气体所湿润或受到"油污"。在机械设计中,通常把这种未经人为润滑的摩擦状态当做"干"摩擦处理。

(2)边界摩擦:两接触表面上有一层极薄的边界膜(吸附膜或反应膜)存在时的摩擦。

(3)流体摩擦:两接触表面被一层连续不断的流体润滑膜完

全隔开时的摩擦。

（4）混合摩擦：两接触表面同时存在着流体摩擦、边界摩擦和干摩擦的混合状态时的摩擦。混合摩擦一般是以半干摩擦或半流体摩擦的形式出现：

① 半干摩擦：两接触表面同时存在着干摩擦和边界摩擦的混合摩擦。

② 半流体摩擦：两接触表面同时存在着边界摩擦和流体摩擦的混合摩擦。

在实际使用过程中，大多数摩擦副都是处于混合摩擦状态。

各种摩擦的润滑状态如图 2-12 所示。

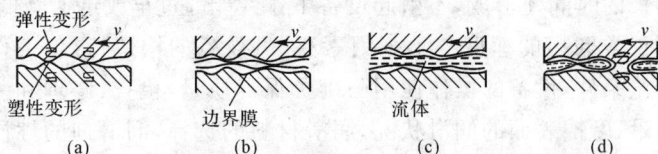

图 2-12　摩擦的润滑状态

（a）干摩擦；（b）边界摩擦；（c）流体摩擦；（d）混合摩擦

二、机械零部件的主要磨损形式

磨损是机械零部件的主要破坏形式（磨损、变形、断裂和腐蚀）之一。长期使用的设备会出现磨损现象。这是因为组成各运动副零件的表面都有数量不等、高深不一的凸峰和凹谷，当两个零件相对运动时相互接触的表面实际上是以各凸峰之间的机械啮合为接触特征，实际接触面积只有名义接触面积的百分之几，乃至千分之几。因此，接触表面的接触应力是非常高的。此时，如果设备没有合适的润滑或其他特殊保障措施，组成运动副的零件表面材料就会发生塑性变形和磨损，从而使正常的运转呆滞、失效。一般来说，运动副中的摩擦力与其表面粗糙度和表面压力成正比，表面越粗糙，表面压力越大，产生的摩擦力越大。当零件的磨损超限达到一定程度时,其原来的尺寸和形状就被破坏,配合间隙加大,配合性质改变,从而导致设备的工作性能降低或损坏,使设备出现故障。零部件的磨损是引起设备正常检修的主要原因。

根据磨损延续时间的长短,磨损分为正常磨损和事故磨损两类。

1. 正常磨损

正常磨损是指设备在正常工作条件下,经过长期运转,主要是由于摩擦力的作用以及其他正常运行条件相关的因素(温度等)而引起的零件磨损。其特点是磨损量均匀而逐渐增加,经过相当长的时间才形成,不引起设备工作性能的过早或迅速降低。

正常磨损的速度与下列因素有关:设备的构造特点,工作时的工艺条件,设备的操作使用与维护保养质量,检查、修理和装配的质量,摩擦表面的润滑状况,润滑材料的选择,润滑剂的性质和品种,单位压力的大小,零件的材质,零件加工精度和光洁度等。

2. 事故磨损

事故磨损是指设备零部件在不正常的工作条件下,经过很短的时间而产生的磨损。其特点是:磨损量不均匀而是突然地增加,引起设备工作性能过早或迅速地降低,甚至突然发生设备或零件的损坏事故。

根据磨损的起因,磨损可以分为机械摩擦磨损、磨料磨损、黏着磨损、疲劳磨损、微动磨损和腐蚀磨损等。最常见的为机械摩擦磨损,由于表面微观不平,峰谷啮合而刮平,或峰顶塑性变形而碾平。它表现为尺寸、形状、体积的变化,减少这种磨损的主要措施是使摩擦表面有合适的表面粗糙度、合理的配合间隙,表面间要合理润滑。

三、润滑材料和润滑方式

据统计,大概有 $1/3\sim1/2$ 的能源消耗于摩擦之中。在运动

件之间添加润滑介质可以降低设备运动件之间无用的摩擦,延长
设备的工作使用寿命,降低无谓的能源消耗,提高设备的能效。
这种用润滑介质减少或控制两摩擦面间的摩擦与磨损或其他形
式的表面破坏的方法叫做润滑。

(一)润滑的主要作用

(1)润滑作用:即减少摩擦和零件的磨损程度。在摩擦面之
间加入润滑剂,会形成润滑油膜,避免金属直接接触造成摩擦,从
而降低摩擦系数,减少摩擦阻力,减少功率损失。摩擦面间具有
一定强度的润滑膜,能够支撑负荷,避免或减少金属表面的直接
接触,从而可减轻接触表面的塑性变形、熔化焊接、剪断再黏结等
各种程度的黏着磨损。

(2)冷却作用:润滑剂能够降低摩擦系数,减少摩擦热产生,
同时通过润滑油的流动,还可以将机件摩擦中产生的热量带走,
降低机件的工作温度。

(3)洗涤作用:润滑剂在润滑过程中是不断流动的,可及时冲
刷走摩擦表面上的磨屑及污物,防止发生磨粒磨损。

(4)防锈作用:润滑剂特别是润滑脂,可以形成覆盖于摩擦表
面或其他金属表面的油膜,利用油膜防止机件周围空气中的水
汽、空气或其他有害介质的侵蚀,保护摩擦面或金属表面。

(5)缓冲和减震作用:在往复运动或间歇运动中,润滑剂能将
冲击振动的机械能转变为液压能,起到缓冲、减震、吸收噪声的
作用。

(6)密封作用:油脂可以防止泄气、泄液。如汽缸中使用的润
滑剂不仅可以起到润滑作用,还能保证汽缸和活塞之间处于良好
的密封状态,提高工效。

(二)常用润滑材料

根据物理状态的不同,润滑材料可以分为气体润滑剂、液体
润滑剂、固体润滑剂等不同种类。

气体润滑剂:空气、氮、氩、一氧化碳和水蒸气等。

液体润滑剂:即润滑油,按其来源分动、植物油,石油润滑油和合成润滑油三大类。石油润滑油的用量占总用量97%以上,因此润滑油常指石油润滑油。

半固体润滑剂:即各类润滑脂,主要由矿物油(或合成润滑油)和稠化剂调制而成,有时根据需要还加入各种添加剂。根据稠化剂不同可分为皂基脂和非皂基脂两类。皂基脂的稠化剂常用锂、钠、钙、铝、锌等金属皂,也用钾、钡、铅、锰等金属皂。非皂基脂的稠化剂多采用石墨、炭黑、石棉等以及人工合成的聚脲基、膨润土等。

固体润滑剂:固体润滑剂分为无机物和有机物两类。无机物如石墨、二硫化钼、软金属、氧化物、氟化物等;有机物则包括聚四氟乙烯、聚乙烯、尼龙、聚酰亚胺等。

（三）润滑油

1. 润滑油的主要理化指标

（1）润滑油的黏度

当润滑油受到外力作用而发生相对移动,油的分子与分子间由于摩擦而产生阻力,使油不能顺利流动,这种阻力的大小称为黏度。润滑油的黏度与比重成正比,与温度成反比。

润滑油的黏度可以用动力黏度、运动黏度和条件黏度三种方法来表示。我国常用运动黏度来表示油品的质量指标。

相距 1 cm 的两层油,以响度运动速度 1 cm/s 运动时产生的切应力称动力黏度。油液动力黏度与密度的比值称运动黏度,其单位为 mm^2/s。

（2）闪点和燃点

在规定的条件下,加热润滑油试样,润滑油即会蒸发和周围空气形成混合气,以火焰接近发生闪燃现象时试样的最低温度称为闪点。闪点是润滑油贮存、运输和使用的一个安全指标,同时也是润滑油的挥发性指标。闪点低的润滑油,挥发性高,容易损耗,容易着火,安全性较差。一般要求润滑油的闪点比使用温度高 20~30 ℃,以保证使用安全和减少挥发损失。

闪点是测试中发生闪火同时火焰随之熄灭的温度。如果发生闪火后继续加热油品并点火测试。当用火焰点燃混合气,油面上的火焰能继续燃烧 5 s 时的最低温度即为燃点。对于同一油品,燃点通常高于闪点 5~10 ℃。

(3) 倾点和凝点

倾点是在规定的条件下被冷却的试样能流动时的最低温度,单位为℃。凝点是试样在规定的条件下冷却至停止移动时的最高温度,单位为℃。倾点或凝点越低,油品的低温性越好。倾点比凝点高 1~3 ℃。

(4) 黏度指数

黏度指数用"VI"表示,是国际上广泛采用的控制润滑油黏温性能的质量指标。润滑油黏度指数越大,油品黏温性能越好,润滑油质量亦越高。

(5) 酸值

酸值是控制润滑油使用性能的重要指标之一。酸值大的润滑油容易造成机件的腐蚀,而且还会促进润滑油变质,生成油泥,增加机械的磨损。

(6) 外观

绝大多数润滑油规定油品的外观应是清澈透明的均匀液体。

(7) 其他理化指标

其他理化指标有水分、机械杂质、灰分、残炭、水溶性酸、碱、色度、含硫量等。

2. 煤矿机械常用的润滑油

(1) 机械油

机械油为中等黏度润滑油,价格低廉,性能一般,其黏温性、高温抗氧化性、抗磨性等均较差,在输送机上多用于销轴等轻载和冲击较小的部位。

(2)透平油

透平油又称汽轮机油。透平油性能优于机械油,具有较高的纯度、良好的抗氧化性、抗乳化性及防锈防腐性能,但价格较高。按 50 ℃时的平均黏度,分为 20、30、40、45、55 等牌号。在煤矿机械中,透平油主要用于某些要求较高的机械传动、液力耦合器和液压站等一般液压系统中。

(3)齿轮油

齿轮油有较好的黏附性和抗磨性,齿轮油是由未经精制的高黏度油与其他润滑油调和而成的。包括普通齿轮油、工业齿轮油、极压工业齿轮油和双曲线齿轮油等多种油品。普通齿轮油颜色发黑,但氧化安定性差,使用中黏度增大,甚至结块,故使用寿命较短,需要添加适当的极压添加剂以及抗氧化、抗泡沫和防锈等添加剂制成工业齿轮油使用。

(4)液压油

液压油适用于要求较高的中、低压液压系统;抗磨液压油主要适用于工作压力为 16 MPa 以上的高压系统。

(四)润滑脂

1. 润滑脂的主要理化指标

(1)滴点

滴点又叫滴落点。滴点是指在规定的条件下加热,润滑脂随温度升高而变软,从脂杯中滴下第一滴的温度。滴点可以确定润滑脂使用时允许的最高温度。一般情况下,润滑脂应在低于滴点20～30 ℃的温度下工作。钙基润滑脂的滴点大约为 70～100 ℃;钙钠基润滑脂的滴点大约为 120～150 ℃;钠基润滑脂的滴点大约为 130～160 ℃;滴点高于 200 ℃的,大多为合成润滑脂。

(2)锥入度

锥入度是衡量润滑脂稠度（即软硬程度）的指标。其测定方法是将润滑脂保持在一定温度，以规定重量的标准圆锥体，在 5 s 内沉入润滑脂的深度来表示。单位为 1/10 mm。

锥入度和润滑脂的稠度成反比。锥入度大，则稠度小，润滑脂能够承受的负荷小；锥入度小，则稠度大，润滑脂能够承受的负荷大。

锥入度还体现了润滑脂的流动性能。锥入度大的润滑脂软，反之则硬。锥入度过大易流失，过小流动性差。锥入度过小的润滑脂，不适宜用于高转速的运动副，也不适宜用于管道压力送脂润滑装置。润滑脂的牌号，是根据锥入度的大小来划分的，所以知其牌号则可知其锥入度的范围，知其锥入度则可知其牌号。

（3）抗水性

抗水性差的润滑脂加水掺和后，油水互溶，导致乳化、变稀。抗水性好的润滑脂则油水分离，水呈珠状。

除上述指标外，润滑脂还有氧化安定性、游离酸和游离碱、腐蚀性、分油等理化指标。

2. 煤矿常用润滑脂

（1）钙基润滑脂

钙基润滑脂价格便宜，抗水性能好，适用于潮湿多水的条件，但寿命短，需要经常补充新油，因此经常置于压缩杯中使用。在井下机械中，常用于中温、中载、潮湿条件下工作的滚动轴承润滑，用量较大。钙基脂代号为"ZG"，共有 5 个牌号，牌号越高，其针入度越小而稠度和硬度越大。钙基脂因采用水作为胶溶剂，其耐热性差，使用温度范围为 $-10 \sim 60$ ℃。复合钙基脂则采用乙酸钙代替水作为胶溶剂，不含水分，因而除具有钙基脂的抗水性强的优点外，还有耐高温性，其工作温度可达 $120 \sim 150$ ℃，适用于高温、潮湿的工作条件。

复合钙基脂代号为"ZFG"，有 4 个牌号。

（2）钠基润滑脂

钠基润滑脂由钠皂稠化中等黏度的矿物润滑油或合成润滑油制成。钠基润滑脂属于高滴点润滑脂,使用的温度范围为－10～110 ℃;可以用于振动较大、温度较高的滚动或滑动轴承上,但耐水性较差,不能用于潮湿环境或与水及水蒸气接触的机械部件上。

钠基润滑脂的代号为"ZN",共有 3 个牌号。

（3）钙钠基润滑脂

钙钠基润滑脂是由钙钠基混合皂稠化中等黏度的矿物油制成。钙钠基脂抗水性优于钠基脂,耐热性优于钙基脂。钙钠基脂适用于工作温度较高的中载和较重载荷的滚动轴承的润滑。常见的有轴承脂与压延脂等,其代号为"ZGN",按锥入度分 2 个牌号。

（4）锂基润滑脂

锂基润滑脂是由锂皂稠化中等黏度的矿物润滑油制成。锂基润滑脂具有良好的耐热性、抗水性能,使用的温度范围为－20～1 200 ℃。其机械安定性、防腐蚀性和氧化安定性也十分优良,具有多效、通用、长寿命的特点,一般用于带式输送机托辊轴承、大功率采煤机和刮板输送机的电动机轴承等重要部位。

锂基脂代号为"ZL",共有 5 个牌号。

（五）润滑方式

润滑油或润滑脂的供应方法在设计中是很重要的,尤其是油润滑时的供应方法与零件在工作时所处的润滑状态有这密切的关系。

零部件润滑方式的选择取决于该零部件所处的环境、相对运动速度和承受载荷的大小。根据润滑要求的不同,一般采用的润滑方式有如下几种:

1. 手工润滑

手工润滑是将润滑剂用油壶、油枪（脂枪）、油杯（脂杯）等用具注入润滑部位的方法。

2. 油环润滑

轴颈上的油环（圆环）有一部分被浸在油池中，当轴颈旋转时，油环也随之旋转，把油池中的润滑油带到轴颈的工作表面上，实现润滑。采用这种方式润滑时应注意轴颈的转速，轴颈的转速太低，油环不能带起油池中的润滑油，使润滑失效；轴颈的转速太高，油环上的油在离心力的作用下被甩掉，同样使润滑失效。一般情况下，这种润滑方式适用于转速为 $100\sim2\,000$ r/min 的场合。

3. 飞溅润滑

飞溅润滑是将转动零件适当的浸入油池中，该零件在转动时把润滑油带到轴承中去。这种方法简单可靠，但应注意零件的转速不能过快。

4. 其他的润滑方式

其他还有油雾润滑、油绳、油垫润滑、压力循环润滑、强制润滑等。

（六）润滑系统的密封

机械密封是指由至少一对垂直于旋转轴线的端面在流体压力和补偿机构弹力（或磁力）的作用下以及辅助密封的配合下保持贴合并相对滑动而构成的防止流体泄漏的装置。

1. 密封的作用

（1）防止润滑剂的泄漏，保持良好的润滑状态，避免润滑剂浪费和对环境的污染。

（2）防止设备运行中各种工作介质的混串，确保润滑剂的质量。

（3）阻止环境中的灰尘、水分等有害物质进入摩擦副内造成摩擦副剧烈的磨粒磨损、腐蚀磨损，以及对润滑剂的污染。

2. 密封件种类

根据是否有相对运动,密封件可分为静态密封(如减速机上下壳体之间的密封)和运动密封(外露出机壳的轴与机壳之间的密封)。

根据是否采用密封材料填充,可以分为接触式密封和非接触式密封。

接触式密封:在轴承盖内放置减摩性好的硬质材料(如加强石墨、青铜、耐磨铸铁等)与转动轴直接接触以进行密封。轴承盖内放置软材料与转动轴直接接触而起摩擦作用。常用的软材料有毛毡、橡胶、皮革、软木等。

非接触式密封:采用非接触式密封,可以避免密封件与旋转件的接触,主要有迷宫密封、甩油密封等。密封的选用是根据密封处的运动形式、工作压力、相对运动速度以及密封介质等因素而确定。

其中迷宫式密封因工作可靠,不需维护,且无接触摩擦,适宜高速运转,在输送机的托辊中广泛使用。托辊的密封结构如图2-13所示。

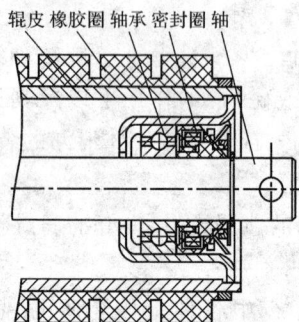

图 2-13 托辊的密封结构

第四节　起重知识

一、常用起重工具

1. 卸扣

卸扣又称吊扣、马镫、卡环,在起重作业中作为需要经常拆装部位的连接工具广泛使用,如起重滑车、吊环或绳索的连接等。按形式可以分为 U 形(图 2-14)和马蹄形(图 2-15)。卸扣的材质一般为碳钢、合金钢、不锈钢等。卸扣的表面会进行防锈的处理,如镀锌或涂漆,以防止生锈腐蚀。

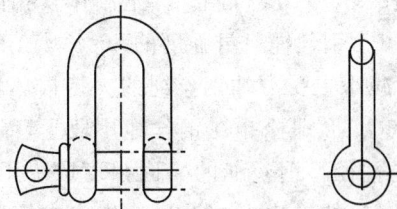

图 2-14　U 形卸扣

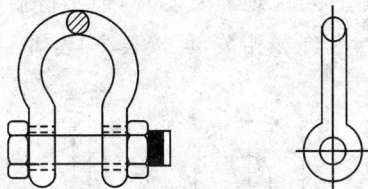

图 2-15　马蹄形卸扣

卸扣在使用时,不能使用螺栓或金属棒随意代替销轴,同时必须注意作用在卸扣结构上的受力方向,尽量使作用力沿着卸扣的中心线,否则卸扣的承载能力将降低。卸扣使用方法示意图,如图 2-16 所示。

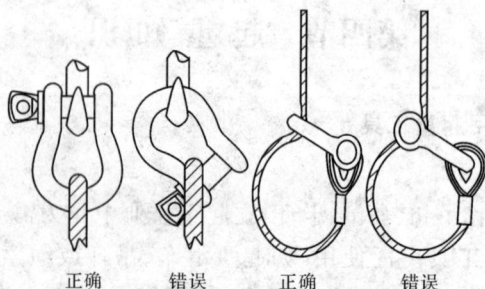

正确　　　错误　　　正确　　　错误

图 2-16　卸扣使用方法示意图

2. 钢丝绳夹

钢丝绳夹(图 2-17)又名元宝卡,是制作索扣的快捷工具,如操作正确,强度可为钢丝绳自身强度的 80%。其正确布置方向如图 2-18 所示,为减小主受力端钢丝绳的夹持损坏,夹座应扣在钢丝绳的工作段上,U 形螺栓扣在钢丝绳尾段上,绳夹的间距等于 6~7 倍的钢丝绳直径。钢丝绳的紧固强度取决于绳径和绳夹匹配,以及一次紧固后的二次调整紧固。绳夹在实际使用中,受载一次后应作检查,离套环最远处的绳夹不得首先单独紧固,离套环最近处的绳夹应尽可能地靠紧套环,但不得损坏外层钢丝。钢丝绳夹所用的数量与绳径相关,可按表 2-1 选取。

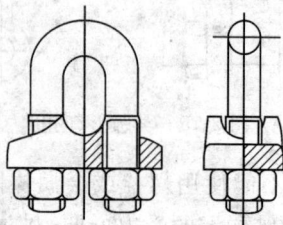

图 2-17　钢丝绳夹

图 2-18　钢丝绳夹正确布置方向

表 2-1　　　　　　　钢丝绳夹数量的选用

钢丝绳公称直径/mm	<7	7~16	16~20	20~26	26~40
钢丝绳夹最少数量/组	3	5	6	7	8

3. 滑车

滑车结构简单,使用方便,能够多次改变滑车与滑车组牵引钢索的方向和起吊或移动运转物体,在吊装中应用十分广泛。单个滑车可以改变力的方向但不能省力,多对滑车组合成动滑轮使用则既能省力又能改变力的方向。滑车按轮数的多少分为单门滑车、双门滑车(图 2-19)和多门滑车。按夹板是否可以打开来分,有开口滑车和闭口滑车。开口滑车一般都是单门滑车,它的夹板可以打开,便于拆装绳索,常用于扒杆底脚处作导向滑车。

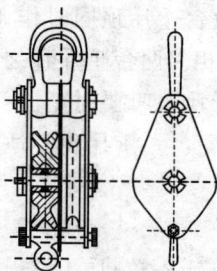

图 2-19　双门滑车示意图

4. 千斤顶

千斤顶结构轻巧坚固、灵活可靠,一人即可携带和操作,是起重作业中常用的小型工具。千斤顶主要用于重物的短距离举升,或在设备安装维修中用于校正位置。

按其工作原理和结构,常见的千斤顶有以下几种:

(1) 齿条千斤顶。它由齿条、齿轮、手柄三部分组成,依靠摇动手柄从而使齿条上升下降。齿条千斤顶体积不大,容易存放,可长期支持重物,但支撑重量较小,重量一般不超过 20 t,主要用于作业条件不方便的地方或需要利用下部的托爪提升重物的场合,如轨道起轨作业等。

(2) 螺旋千斤顶。螺旋千斤顶依靠螺纹自锁来撑住重物,支撑重量可达 100 t,但工作效率较慢,上升慢,下降快。

(3) 液压千斤顶。液压千斤顶通过液压系统传动,用缸体或活塞作为顶举件。结构紧凑,能平稳顶升重物,起重量最大已达 750 t,但易漏油,不宜长期支持重物。

使用千斤顶时要注意以下问题:① 千斤顶使用时底部要垫平整、坚韧无油污的木板以扩大承压面,保证安全,不能用铁板代替木板,以防滑动。② 起升时要求平稳,重物稍起升后要检查有无异常情况,如无异常情况才能继续升顶。不得任意加长手柄或过猛操作。③ 不超载、超高。当套筒出现红线时,表明已达到额定高度应停止顶升。④ 数台千斤顶同时作业时,要有专人指挥,使起升或下降同步进行。相邻两台千斤顶之间要支撑木块,保证间隔以防滑动。⑤ 使用千斤顶时要时刻注意密封部分与管接头部分,必须保证其安全可靠。⑥ 千斤顶不适用于有酸、碱或腐蚀性气体的场所。

5. 手动葫芦

手动葫芦也称倒链、千不拉、斤不落,适用于小型设备和货物的短距离吊运,起重量一般不超过 100 t。因其具有体积小、重量轻、携带方便、性能好、维修简便等诸多优点,使用比较广泛。

二、起重工安全操作规范

为保证设备起重运输及吊装作业安全可靠地进行,确保无人身伤害事故和设备事故,作业中必须严格按操作规程进行工作。

（1）操作人员必须熟悉电动行车、手拉葫芦、钢丝绳、吊环、卡环等起重工具的性能、最大允许负荷、使用、保养等安全技术要求,同时还要掌握一定的捆扎、吊挂知识。

（2）起重作业前,要严格检查各种设备、工具、索具是否安全可靠。若有裂纹、断丝等现象,必须更换有关器件,不得勉强使用。

（3）起重作业前,应事先清理起吊地点及通道上的障碍物。选择恰当的作业位置,并通知其余人员注意避让。吊运重物时,严禁人员在重物下站立或行走,重物也不得长时间悬在空中。

（4）选用钢丝扣时长度应适宜,多根钢丝绳吊运时,其夹角不得超过60°。吊运物体有油污时,应将捆扎处的油污擦净,以防滑动,锐利棱角应用软物衬垫,以防割断钢丝绳或链条。

（5）起重作业时,禁止用手直接校正已被重物拉紧的钢丝扣,发现捆扎松动或吊运机械发出异常声响,应立即停车检查,确认安全可靠后方可继续吊运。翻转大型物件,应事先放好枕木,操作人员应站在重物倾斜相反的方向,严禁面对倾斜方向站立。

（6）起重作业时,根据所吊物件的重量、形状、尺寸、结构,应正确选用起重机械。吊运时,操作人员应密切配合,准确发出各项指令信号。吊运物体剩余的绳头、链条,必须绕在吊钩或重物上,以防牵引或跑链。

（7）起重作业时,拉动手链条或钢丝绳应用力均匀、缓和,以免链条或钢丝绳跳动、卡环。手拉链条、行车钢丝绳拉不动时,应立即停止使用,检查修复后方可使用。

（8）起重作业时,要注意观察物体下落中心是否平衡,确认松钩不致倾倒时方可松钩。

（9）起重作业时,操作人员注意力要集中,不得随意接电话或离开工作岗位,如与其他人员协同作业,指令信号必须统一,并严格执行起重作业"十不吊"的规定：

① 超载不吊。

② 吊物上站人,有浮放物不吊。

③ 作业场地昏暗,无法看清场地、被吊物和指挥信号时不吊。

④ 易燃、易爆物及酸性物不吊。

⑤ 设备带病或吊物直接加不吊。

⑥ 钢丝绳不合格,捆绑、吊挂不牢不吊。

⑦ 埋在地下或凝固在地面的物件,不知重量不吊。

⑧ 容器内装的物品过满时不吊。

⑨ 歪拉斜拖、锐角、刃角不垫好不吊。

⑩ 违章指挥的工作不吊。

(10) 各类起重机械应在明显位置悬挂最大起重负荷标识牌,起吊重物时不得超出额定负载,严禁超载使用。

(11) 手拉葫芦、电动行车在－10 ℃以下使用时应以起重设施额定负载的一半工作,以确保安全。

(12) 吊运物品要检查缆绳的可靠性,同时使用防止脱钩装置的钓钩和卡环。

(13) 各种手拉葫芦在起吊重物时应估计一下重量是否超出了本机的额定负载,严禁超载使用;在使用前须对机件以及润滑情况进行仔细检查,完好无损后方可使用;在起吊过程中,无论重物上升或下降,拉动手链条时,用力均匀、缓和,不要用力过猛,以免手链条跳动或卡环;在起吊重物时,严禁人员在重物下做任何工作或行走;操作者如发现拉不动时不可猛拉,应进行检查,修复后方可使用。

第三章　机械传动

在工业生产中,机械传动是一种最基本的传动方式。分析一台机器,不论是车床、内燃机、钻机、采煤机、综掘机、输送机等,其工作过程实际上包含着多种机构和零部件的运动过程,例如经常采用摩擦轮、带轮、链轮、齿轮、蜗轮蜗杆等零部件,组成各种形式的传动装置来传递能量。

一、机械传动的分类

机械传动按传递力的方法不同可分为摩擦传动和啮合传动。

摩擦传动可分为摩擦轮传动和带传动。带传动常见的有平型带传动、三角带传动、圆形带传动、同步齿形带传动等。

啮合传动可分为齿轮传动、蜗杆传动、螺旋传动和链传动。齿轮传动按齿轮轴线位置又可分为轴线平行、轴线相交和轴线相错传动(螺旋齿圆锥齿轮传动)。

二、链传动的类型和应用特点

1. 链传动的传动比和传动类型

(1) 链传动及其传动比

链传动是由一个具有特殊齿形的主动链轮,通过链条带动另一个具有特殊齿形的从动轮传递运动和动力的装置。当主动链轮转动时,从动链轮也就跟着旋转(刮板输送机就是这样)。

设在某链传动中,主动链轮的齿数为 z_1,从动链轮的齿数为 z_2,主动链轮每转过一个齿,链条就移过一个链节,而从动轮也就被链条带动转过一个齿。若主动链轮转过 n_1 转,其转过的齿数

为 $z_1 \times n_1$，而从动轮跟着转过 n_2 转，则转过的齿数是 $z_2 \times n_2$。显然两个链轮转过的总齿数应相等，即 $z_1 \times n_1 = z_2 \times n_2$。链传动的传动比（用 i_{12} 表示），就是主动链轮的转速 n_1 与从动链轮的转速 n_2 之比，也就是 $i_{12} = n_1/n_2 = z_2/z_1$，即等于两个链轮齿数的反比。

（2）链传动的类型

链传动类型很多，按用途不同，链传动分为以下三类：

① 传动链。一般机械中用来传递运动和动力。

② 起重链。用于起重机械中提升重物。

③ 牵引链。用于运输机械中驱动输送带等。

2. 链传动的应用特点

当两轴平行，中心距较远，传递功率较大且平均传动比要求较准确，不宜采用带传动和齿轮传动时，可采用链传动。链传动多用于轻工机械、农业机械、石油化工机械、运输起重机械、摩托车和自行车等机械传动上。

链传动和带传动、齿轮传动相比，具有以下特点：

（1）和齿轮传动相比，它可以在两轴中心相距较远的情况下传递运动和动力。

（2）能在低速、重载和高温条件下及尘土飞扬的不良环境中工作。

（3）和带传动比较，它能保证准确的平均传动比，传递功率较大，且作用在轴和轴承上的力较小。

（4）传递功率较高，一般可达 $0.95 \sim 0.97$。

（5）链条的铰链磨损后，使得节距变大造成脱落现象。

（6）安装和维护要求较高。

三、齿轮传动的传动比和应用特点

1. 齿轮传动的概念

齿轮传动是指由齿轮副组成的传递运动和动力的一套装置。所谓齿轮副是由两个相啮合的齿轮组成的基本机构。

2. 传动比

两个相互啮合的齿轮传动中,设主动齿轮的转速为 n_1,齿数为 z_1,从动齿轮的转速为 n_2,齿数为 z_2,由于两轮转过的总齿数应相等,即 $z_1 \times n_1 = z_2 \times n_2$。由此可得一对齿轮的传动比为:$i_{12} = n_1/n_2 = z_2/z_1$。也就是主动齿轮与从动齿轮转速之比,与其齿数成反比。

一对齿轮的传动比不宜过大,否则会使结构尺寸过大,不利于安装和制造。通常一对圆柱齿轮的传动比 $i_{12} = 5 \sim 8$,一对圆锥齿轮的传动比 $i_{12} = 3 \sim 5$。

例:有一对齿轮传动,已知主动齿轮 $n_1 = 960$ r/min,$z_1 = 20$,从动齿轮 $z_2 = 50$,试计算传动比 i_{12} 和从动轮转速 n_2。

解:传动比 $i_{12} = z_2/z_1 = 50/20 = 2.5$

从动轮转速 $n_2 = n_1/i_{12} = 960/2.5 = 384$ r/min

3. 应用特点

齿轮传动是现代各类机械传动中应用最广泛最主要的一种传动。在工程机械、矿山机械、冶金机械以及各类机床中都应用着齿轮传动。齿轮传动所传递的功率从几瓦至几万千瓦;它的直径从不到 1 mm 的仪表齿轮,到 10 m 以上的重型齿轮;它的圆周速度从很低到每秒 100 m 以上。大部分齿轮是用来传递旋转运动的,但也可以把旋转运动变为直线往复运动,如齿轮齿条传动。齿轮传动与摩擦轮传动、带传动和链传动等比较,有以下特点:

(1) 能保证瞬时传动比恒定,平稳性较高,传递运动准确可靠。

(2) 传递的功率和范围较大。

(3) 结构紧凑、工作可靠,可实现较大的传动比。

(4) 传递功率高,使用寿命长。

(5) 齿轮的制造、安装要求较高。

4. 对齿轮传动的基本要求

用来传递运动和动力的齿轮,其啮合传动是个比较复杂的运

动过程。从传递运动和动力两方面来考虑,齿轮传动应满足以下两个基本要求:

(1)传动要平稳。要求齿轮在传动过程中,任何瞬时的传动比保持恒定不变。这样可以保持传动的平稳性,避免和减少传动中的噪声、冲击和振动。

(2)承载能力强。要求齿轮的尺寸小,重量轻,而承受载荷的能力大。也就是要求强度高,耐磨性好,寿命长。

5. 齿轮传动的常用类型

齿轮的种类很多,可以按不同的方法进行分类。

(1)根据齿轮传动轴的相对位置,可将齿轮传动分为两大类,即平面齿轮传动(两轴平行)与空间齿轮传动(两周不平行)。

(2)按齿轮传动在工作时的圆周速度的不同,可分低速($v<$ 3 m/s)、中速($v=3\sim15$ m/s)、高速($v>15$ m/s)三种。

(3)按齿轮传动的工作条件不同,可分为闭式齿轮传动(封闭在箱体内,并能保持良好润滑的齿轮传动)和开式齿轮传动(传动外露在空间,不能保持良好润滑的齿轮传动)两种。

(4)按齿宽方向上齿与轴的歪斜形式,可分直齿、斜齿和曲齿三种。

(5)按轮齿的齿廓曲线不同,可分为渐开线齿轮、摆线齿轮和圆弧齿轮等几种。

(6)按齿轮的啮合方式分,可分为外啮合齿轮传动、内啮合齿轮传动和齿条传动。

四、联轴器、离合器和制动器

联轴器的作用是把两根轴连接在一起。机器在运转时两根轴不能分离,只有在机器停转后,并经过拆卸才能把两轴分离。

离合器的作用是机器在运转过程中,可将传动系统随时分离和接合的一种装置。

制动器在机器中的作用是降低机器的运转速度或使其停止

运转。

1. 固定式联轴器

固定式联轴器中应用最广的是凸缘式联轴器。它是把两个带有凸缘的半联轴器用键分别与两根轴连接,然后用螺栓把两个半联轴器连接成一体,以传递运动。凸缘式联轴器有两种对中的方法:一种是用一个半联轴器上的凸肩与另一个半联轴器上的凹槽互相配合而实现对中;另一种则是共同与一个剖分环相配合而对中。凹槽配合的联轴器在装拆时,轴必须做轴向移动后,方可做径向位移。而剖分环配合的则无此缺点,可直接做径向位移的装拆。但是剖分环配合的对中性不如凹槽配合得好。

2. 摩擦离合器

摩擦离合器根据摩擦表面的形状,可分为圆盘式、多片式和圆锥式等类型。

以圆盘式摩擦离合器为例。两根轴上分别利用键与主动轴和从动轴相连接,只是一个摩擦盘紧配在轴上,另一个则可以和轴做相对移动(通过操作装置来完成),但不能做轴向转动。摩擦离合器的特点是:在任何不同的转速条件下,两轴都可以随时地分离和接合,摩擦面之间的接合较为平稳,故冲击和振动较小;过载时摩擦面之间打滑,故可防止其他零件的损坏。

3. 制动器的结构和应用

常见的制动器有锥形制动器、带状制动器和闸瓦制动器。

以带状制动器为例进行介绍。带状制动器的结构主要由制动轮、制动带和杠杆组成。它的结构简单,制动可靠。为了增强摩擦制动作用,在制动钢带上可以衬垫石棉、橡胶、皮革或帆布等材料。当杠杆上施加外力后即可收紧制动带,依靠制动带与制动轮之间的摩擦力来制动。

五、蜗杆传动

1. 蜗杆传动的组成

蜗杆传动是由蜗杆副组成的传动装置,蜗杆和蜗轮的轴线在空间可垂直交错成 90°,用以传递运动和动力。通常情况下在传动中,蜗杆是主动件,蜗轮是从动件。

2. 蜗杆传动的应用特点

(1) 承载能力大。

(2) 传动比大,而且准确。

(3) 传动平稳,无噪声。

(4) 具有自锁作用。

(5) 传动效率低。

(6) 蜗轮材料较贵。

(7) 不能任意互换啮合。

第四章　电钳工基本知识

第一节　钳工基本知识

钳工是主要使用手持工具或设备对工件进行加工、修整、装配的一种重要工种,因常需用虎钳夹紧工件操作而得名。钳工操作以手工为主,灵活性强,对操作者技能要求较高,其工作范围广,涵盖了划线、錾削、锯削、锉削、刮削、研磨、钻扩铰孔、攻套螺纹、矫正、弯曲、铆接、技术测量以及简单的热处理等诸多工艺,并能根据需要装配、调试和维修机器设备。

综合起来看,钳工的基本操作可分为以下四种:

(1)辅助性操作即划线,在坯料或半成品上根据图样划线,确定加工面的操作。

(2)切削性操作,有錾、锯、锉、钻扩铰孔、攻套螺纹、刮削和研磨等。

(3)装配性操作,将零部件按图样技术要求进行装配的工艺过程。

(4)维修性操作,对在用机械设备进行维修、检查和修理的操作。

一、常用工具及使用方法

1. 手锤

手锤一般分为硬头手锤和软头手锤两种。钳工硬头手锤一般用碳素工具钢锻制,热处理后强度和耐磨性较好,一般錾削时使用。软头手锤的锤头采用铅、铜、硬木、牛皮或橡皮等材料制成,一般用于装配、矫正和调整工作,在使用中如没有软头手锤,也可以在硬头手锤头上蒙布等软质材料,或在工件与锤头间加垫木块等临时替代。

手锤规格以锤头的重量来表示,有 0.25 kg、0.5 kg、1 kg、5 kg 等。

手锤由锤头、楔子和木柄三部分组成,如图 4-1 所示。在使用时应注意避免木柄楔子松动,防止锤头脱落造成事故,硬头手锤严禁作为大锤锤垫使用,以防破碎伤人。挥锤时要求准、稳、狠。"准"要求锤头落点准;"稳"是挥锤节奏均匀,一锤一锤击打;"狠"即锤击有力,锤头不飘。

图 4-1　手锤

2. 錾子

如图 4-2 所示,常用錾子主要有三种。

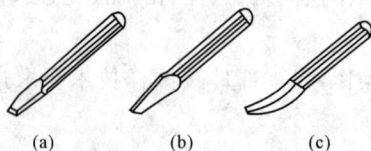

(a)　　　　　(b)　　　　　(c)

图 4-2　常用錾子

(a) 平錾;(b) 尖錾;(c) 油槽錾

(1) 平錾切削部分扁平,用于錾削大平面、薄板料和清理毛刺等。

(2) 尖錾切削刃较尖,用于錾槽和分割曲线板料。

（3）油槽錾刀刃很短，并呈圆弧状，用于錾削轴瓦和机床平面上的油槽等。

錾子的切削部分包括两个表面（前刀面和后刀面）和一条切削刃（锋口）。前刀面和后刀面之间夹角称为楔角 β。如切削的材料硬度及切削量大，则选用的錾子楔角也应随之增大，切削部分强度大，但切削阻力大。在保证足够强度下，尽量取小的楔角以减小切削阻力，一般取楔角 $\beta = 60°$。

起錾时，錾子尽可能向右斜 45°左右。从工件边缘尖角处开始，并使錾子从尖角处向下倾斜 30°左右，轻打錾子，可较容易切入材料。起錾后按正常方法錾削。当錾削到工件尽头时，要防止工件材料边缘崩裂，脆性材料尤其需要注意。因此，錾到尽头 10 mm 左右时，必须调头錾去其余部分。

3. 手锯

手锯使用方便、简单、灵活，在需要临时切割或切割异形件、开槽、修整时应用比较方便。手锯由锯弓和锯条两部分组成。根据锯弓结构不同，手锯可分为固定式和可调式两种。固定式锯弓弓架长度固定，只能装一种长度规格的锯条。可调式锯弓的弓架分成前后前段，可以根据所用锯条的长短调整，故可调式手锯使用较为广泛。

锯条的切削部分由许多锯齿组成，每个齿相当于一把錾子起切割作用，因此在安装的时候要注意使锯齿向前，从而在向前推时进行切割。锯的锯齿按一定形状左右错开，排列成一定形状称为锯路，其主要作用是使锯齿宽度大于锯条背部的厚度，防止锯割时锯条卡在锯缝中，并减少锯条与锯缝的摩擦阻力，使排屑顺利，锯割省力。

按齿距 t 的大小，锯条分为粗、中、细三种，粗齿的齿距 $t = 1.6$ mm，中齿的齿距 $t = 1.2$ mm，细齿的齿距 $t = 0.8$ mm。为了方便作业，使用中应根据加工材料的硬度、厚薄不同，选择锯条的粗细,加工铜、铝合金等较软的材料或厚料时,应选用粗齿锯条以利排屑。反之,则应选择中、细锯齿的锯条。

手锯锯割示意如图 4-3 所示。

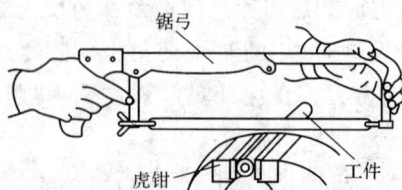

图 4-3　锯割

锯割时的注意事项:

(1)锯割前要检查锯条的装夹方向和松紧程度,保证锯齿向前,锯条松紧适当,如太紧或太松,都容易造成锯条崩断,太松还会造成锯缝不直。

(2)工件要夹持牢固,保证锯割时工件不抖动以免卡断锯条。

(3)起锯时一般由远边开始。锯条与工件的夹角即起锯角以15°左右为宜。起锯时应短行程、慢节奏、缓用力,平稳起锯,以保证起锯的位置正确。正常锯割时要控制节奏均匀,速度不宜过快,压力不可过大,以免锯条折断伤人。锯割薄板时,一般使用木板等夹住薄板两侧锯割以防止工件振动、变形。需要割截管类材料时,可以采用转锯即边锯边旋转工件的方式进行锯割。

(4)锯割即将完成时,用力不可太大,并需用手扶住被锯下的部分,以免该部分落下时砸脚。

4. 锉刀

锉刀按用途不同分为普通锉(或称钳工锉)、特种锉和整形锉(或称什锦锉)三类,其中普通锉使用最多。锉刀锉削示意如图4-4所示。

普通锉按截面形状不同分为平锉、方锉、圆锉、半圆锉和三角锉五种;按其齿纹可分为单齿纹、双齿纹(大多用双齿纹);按其齿

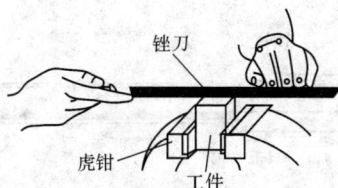

图 4-4　锉削

纹疏密可分为粗锉、细锉和油光锉等(锉刀的粗细以每 10 mm 长的齿面上锉齿齿数来表示,粗锉为 4～12 齿,细锉为 13～24 齿,油光锉为 30～36 齿)。

合理选用锉刀,对保证加工质量,提高工作效率和延长锉刀使用寿命有很大的影响。一般根据工件形状和加工面的大小选择锉刀的形状和规格;根据加工材料软硬、加工余量、精度和表面粗糙度的要求选择锉刀的粗细。粗加工及铜、铝等软金属的锉削要选择粗锉刀;钢、铸铁以及表面质量要求高的工件的锉削则需选择细锉刀;油光锉则只用来对已加工表面修光。

在锉削时应确保工件夹持牢固,需锉削的表面略高于钳口,夹持部位为已加工表面时,应加铜、铝垫进行保护。锉削时严禁用嘴吹或手清除锉屑,可以用钢丝刷顺锉纹方向轻轻刷除。

二、常用量具

1. 游标卡尺

游标卡尺是刻线直尺的改进和创新,可以用来测量工件的内外部尺寸。游标卡尺由主尺和附在主尺上能滑动的游标两部分构成,精度较高。主尺和游标上有两副活动量爪,分别是内测量爪和外测量爪(游标上的量爪也称为活动量爪),如图 4-5 所示。内测量爪通常用来测量内径,外测量爪通常用来测量长度和外径。深度尺与游标尺连在一起,可以测槽和筒的深度。

游标卡尺主尺和游标上均有刻度,按游标上的分度不同,游标卡尺可分为十分度游标卡尺、二十分度游标卡尺、五十分度游

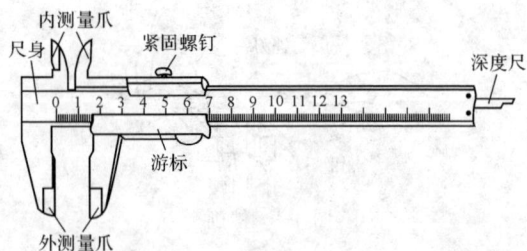

图 4-5　游标卡尺

标卡尺,其精度分别为 0.1 mm、0.05 mm 和 0.02 mm。

　　在测量工件外部尺寸时,先把游标活动量爪张开,张开的距离恰好使它能够自由地卡进工件。工件贴靠在固定量爪上,然后轻微地向工件移动游标,使活动量爪慢慢贴紧工件,并在游标卡尺的刻度上读取尺寸,其使用方法如图 4-6 所示。测量工件外部尺寸时要使量爪测量刀口分开的距离小于所测量的孔或槽的尺寸,然后慢慢使活动量爪向外分开,并轻轻接触到被测量工件的内表面,用紧固螺钉将游标定位,取出游标卡尺读数。

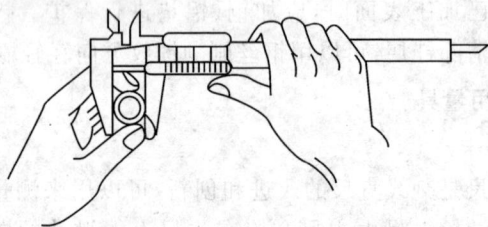

图 4-6　游标卡尺的使用方法

　　游标卡尺的读数方法一般分三步进行:

　　(1) 先读整数。看游标上"0"线左边起主尺上第一条刻线的数值,即为整个读数的整数部分。

　　(2) 读小数。看游标上"0"线右边,数一数游标上第几根线和主尺上的刻线对齐,则毫米小数为刻度乘以精度。以二十分度为例,如第 3 条刻度线与尺身刻度线对齐,其精度为 0.05 mm,则小数部分为 0.15 mm(若没有正好对齐的线,则取最接近对齐的线进行读数)。

(3) 将上面两次读数相加,即为游标卡尺测得的尺寸。

如图 4-7 所示,整数部分值 k 为游标"0"线左侧上主尺的刻度,为 5 mm;"0"线右侧,游标上的第 13 根刻度和主尺刻线对得最齐,读小数 n 值为 $13 \times 0.05 = 0.65$ mm,此次游标卡尺测得的尺寸即为 5.65 mm。

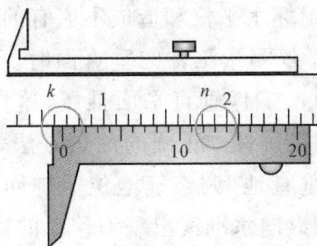

图 4-7　二十分度游标卡尺的读数方法

2. 水平仪

钳工常用水平仪为框架水平仪(图 4-8),它主要由框架和弧形玻璃管主水准器、调整水准组成。利用水平仪上水准泡的移动来测量被测部位角度的变化。

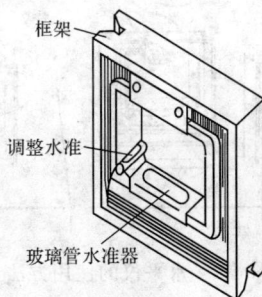

图 4-8　框架水平仪

　　框架的测量面有平面和 V 形槽，V 形槽便于在圆柱面上测量。弧形玻璃管的表面上有刻线，内装乙醚（或酒精），并留有一个水准泡，水准泡总是停留在玻璃管内的最高处。若水平仪倾斜一个角度，气泡就向左或向右移动，根据移动的距离（格数），直接或通过计算便可知道被测工件的直线度、平面度或垂直度误差。

　　在使用框架水平仪时要注意：

　　（1）框架水平仪的两个 V 形测量面是测量精度的基准，在测量中不能与工作的粗糙面接触或摩擦。安放时必须小心轻放，避免因测量面划伤而损坏水平仪和造成不应有的测量误差。

　　（2）用框架水平仪测量工件的垂直面时，不能握住与副侧面相对的部位，而用力向工件垂直平面推压，这样会因水平仪的受力变形，影响测量的准确性。正确的测量方法是手握持副测面内侧，使水平仪平稳、垂直地（调整气泡位于中间位置）贴在工件的垂直平面上，然后从纵向水准读出气泡移动的格数。

　　（3）使用水平仪时，要保证水平仪工作面和工件表面的清洁，以防止脏物影响测量的准确性。测量水平面时，在同一个测量位置上，应将水平仪调过相反的方向再进行测量。当移动水平仪时，不允许水平仪工作面与工件表面发生摩擦，应该提起来放置。水平仪的使用方法如图 4-9 所示。

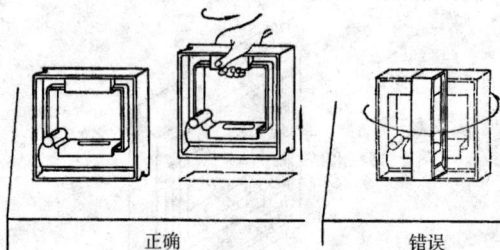

正确　　　　　　　　　错误

图 4-9　水平仪的使用方法

3. 塞尺

塞尺(图 4-10)是由一组具有不同厚度级差的薄不锈钢片组成的量规,主要用于测量间隙尺寸。厚度一般为 0.010～1 mm。塞尺的一般使用方法是,根据被测间隙的大小,选择适当厚度的塞尺。测量时用塞尺直接塞进间隙,当一片或数片(叠合)能塞进两贴合面之间时,则一片或数片的厚度(可由每片上的标记读出),即为两贴合面的间隙值。在组合使用时,应将薄的塞尺片夹在厚的中间,以保护薄片。塞尺应塞入一定深度,手感有一定阻力又不至卡死为宜。当塞尺片上的刻值看不清或塞尺片数较多时,可用螺旋测微计测量塞尺厚度。

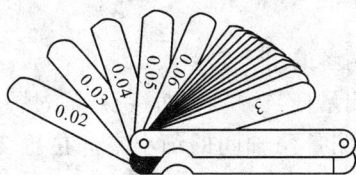

图 4-10　塞尺

4. 百分表

百分表的结构及传动原理如图 4-11 所示。当测量杆 1 向上或向下移动 1 mm 时,通过齿轮传动系统带动大指针 5 转一圈,小指针 7 转一格。刻度盘在圆周上有 100 个等分格,每格的读数值为 0.01 mm。小指针每格读数为 1 mm。测量时指针读数的变动量即为尺寸变化量。刻度盘可以转动,以便测量时大指针对准零刻线。

(1) 百分表的读数方法

先读小指针转过的刻度线(即毫米整数),再读大指针转过的刻度线(即小数部分),并乘以 0.01,然后两者相加,即得到所测量的数值。

百分表常用于测量旋转机械轴的对中偏差(指同心度偏差、

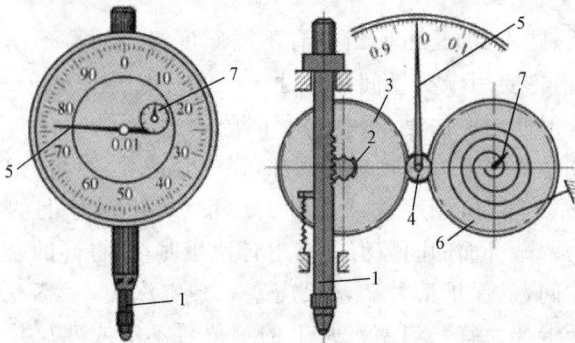

图 4-11　百分表结构及传动原理
1——测量杆；2,4——小齿轮；3,6——大齿轮；5——大指针；7——小指针

角向度偏差以及两者的组合偏差）。

　　百分表通过测量杆与测量表面接触，通过传动齿轮放大测量杆的相对移动，来测量两轴间的细小空间位置变动，从而测量出其对中状态。百分表对中法目前常用的有径向轴向法和双径向法两种。径向轴向法就是分别用一块表测量同心度偏差，而另一块百分表则测量角向度偏差（为了消除轴窜对角向度的影响，常常采用在直径方向上均布两块），这是国内最常用的一种方法。双径向法就是用两块百分表分别测量在对方轴的测量点处同心度偏差，通过两组数据可以计算出轴系的同心度和角向度偏差。不管是径向轴向法还是双径向法以及它们的演变对中法，如长联轴器的双径向法和双轴向法，它们的几何原理都是相同的，测量结果也应是完全一致的。它们在实际应用中各有优劣，根据实际情况适当选取可以取得很好的测量结果。

　　（2）百分表使用注意事项

　　① 使用前，应检查测量杆活动的灵活性。即轻轻推动测量杆时，测量杆在套筒内的移动要灵活，没有任何轧卡现象，每次手松开后，指针能回到原来的刻度位置。

② 使用时，必须把百分表固定在可靠的夹持架上。切不可贪图省事，随便夹在不稳固的地方，否则容易造成测量结果不准确，或摔坏百分表。

③ 测量时，不要使测量杆的行程超过其测量范围，不要使表头突然撞到工件上，也不要用百分表测量表面粗糙或有显著凹凸不平的零件。

④ 测量平面时，百分表的测量杆要与平面垂直，测量圆柱形工件时，测量杆要与工件的中心线垂直，否则，将使测量杆活动不灵或测量结果不准确。

⑤ 为方便读数，在测量前一般都让大指针指到刻度盘的零位。

⑥ 百分表不用时，应使测量杆处于自由状态，以免使表内弹簧失效。

三、零部件装配工艺和方法

任何一台机器设备都是由许多零件所组成，将若干合格的零件按规定的技术要求组合成部件，或将若干个零件和部件组合成机器设备，并经过调整、试验等成为合格产品的工艺过程称为装配。例如一辆自行车由几十个零件组成，前轮和后轮就是部件。

装配是机器制造中的最后一道工序，因此它是保证机器达到各项技术要求的关键。装配工作的好坏，对产品的质量起着重要的作用。

（一）装配的工艺过程

1. 装配前的准备工作

（1）研究和熟悉装配图的技术条件，了解产品的结构和零件作用，以及相连接关系。

（2）确定装配的方法、程序和所需的工具。

（3）领取和清洗零件。

2. 装配

装配又有组件装配、部件装配和总装配之分,整个装配过程要按次序进行。

(1) 组件装配。将若干零件安装在一个基础零件上而构成组件。如减速器中的一根传动轴,就由轴、齿轮、键等零件装配而成的组件。

(2) 部件装配。将若干个零件、组件安装在另一个基础零件上而构成部件(独立机构)。如车床的床头箱、进给箱、尾架等。

(3) 总装配。将若干个零件、组件、部件组合成整台机器的操作过程称为总装配。例如车床就是由几个箱体等部件、组件、零件组合而成。

3. 装配工作的要求

(1) 装配时,应检查与装配有关的零件形状和尺寸精度是否合格,检查有无变形、损坏等,并应注意零件上各种标记,防止错装。

(2) 固定连接的零部件,不允许有间隙。活动的零件,能在正常的间隙下,灵活均匀地按规定方向运动,不应有跳动。

(3) 各运动部件(或零件)的接触表面,必须保证有足够的润滑。若有油路,必须畅通。

(4) 各种管道和密封部位,装配后不得有渗漏现象。

(5) 试车前,应检查各部件连接的可靠性和运动的灵活性,检查各操纵手柄是否灵活和手柄位置是否在合适的位置。试车前,从低速到高速逐步进行。

(二) 典型组件装配方法

1. 螺钉、螺母的装配

螺钉、螺母是用螺纹的连接装配,它在机器制造中广泛使用,具有装拆、更换方便,易于多次装拆等优点。螺钉、螺母装配中的注意事项:

（1）螺纹配合应做到能自由旋入，不能过紧或过松，过紧会咬坏螺纹，过松则受力后螺纹会断裂。

（2）螺母端面应与螺纹轴线垂直，以使其受力均匀。

（3）装配成组螺钉、螺母时，为保证零件贴合面受力均匀，应按一定要求旋紧，并且不要一次完全旋紧，应按次序分两次或三次旋紧。

（4）对于在变载荷和振动载荷下工作的螺纹连接，必须采用防松保险装置。

2. 滚动轴承的装配

滚动轴承的装配多数为较小的过盈配合，装配时常用手锤或压力机压装。轴承装配到轴上时，应通过垫套施力于内圈端面上；轴承装配到机体孔内时，则应施力于外圈端面上；若同时压到轴上和机体孔中时，则内外圈端面应同时加压。如果没有专用垫套时，也可用手锤、铜棒沿着轴承端面四周对称均匀地敲入，用力不能太大。

如果轴承与轴是较大过盈配合时，可将轴承吊放到 $80 \sim 90 ℃$ 的热油中加热，然后趁热装配。

四、零部件拆卸工作的要求

（1）机器拆卸工作，应按其结构的不同，预先考虑操作顺序，以免先后倒置，或贪图省事猛拆猛敲，造成零部件的损伤或变形。

（2）拆卸的顺序，应与装配的顺序相反。

（3）拆卸时，使用的工具必须保证不会使合格零件损伤，严禁用手锤直接在零部件的工作表面上敲击。

（4）拆卸时，零部件的旋松方向必须辨别清楚。

（5）拆下的零部件必须有次序、有规则地放好，并按原来结构套在一起，配合件上做记号，以免搞乱。

第二节　矿井安全用电知识

一、井下作业环境对电气设备的特殊要求

（1）煤矿井下空气中，在瓦斯及煤尘含量达到一定浓度的条件下，如果产生的电火花、电弧或局部热效应达到点燃能量，就会燃烧或爆炸。因此要求煤矿井下电气设备具有防爆性能。

（2）电气设备对地漏电有可能引起瓦斯煤尘爆炸、引爆电雷管、造成人身触电等危险。因此要求电气系统有漏电保护装置。

（3）井下硐室、巷道、采掘工作面等安装电气设备的地方空间都比较狭窄，且人体接触电气设备、电缆机会较多，容易发生触电事故。因此，要求井下电气设备外壳必须接入接地系统。

（4）由于井下常会发生冒顶和片帮事故，电气设备（特别是电缆）很容易受到砸、碰、挤、压等损坏。因此，要求电气设备外壳要坚固。

（5）井下空气比较潮湿，湿度一般在 90％ 以上，且经常有滴水和淋水，电气设备很容易受潮。因此，要求电气设备有良好的防潮、防水性能。

（6）井下电气设备的散热条件较差，故要求井下电气设备有足够的额定容量。

（7）采掘工作面的电气设备移动频繁，故要求尽量减轻重量，以便于安装、搬运。

（8）井下采掘运输设备的负荷变化较大，有时会产生短时过载，故要求电气设备要有足够的容量和过载能力，并配置过载保护装置。

（9）井下发生全部停电事故且超过一定时间后，可能引发淹井、瓦斯积聚等重大事故，再次送电还有可能造成瓦斯煤尘爆炸

的危险。因此,矿井应有双回路供电,确保供电可靠。

从电气设备的工作环境看,井下发生电气事故的危险性确实存在,但只要严格遵守有关的规定,正确选择、使用、维护电气设备,完善保护装置,加强对各岗位职工的安全技术培训,完全可以避免电气事故的发生。

二、矿用电气设备的分类及要求

1. 矿用电气设备的分类及要求

煤矿井下使用的电气设备分为矿用一般型电气设备和矿用防爆型电气设备。

矿用一般型电气设备是指专为煤矿井下条件而设计的不防爆的电气设备,具有坚固的外壳和较好的防潮、绝缘、防滴、防溅的功能;有电缆引入装置,并能防止电缆扭转、拔脱和损伤;开关手柄和门盖之间有机械联锁,同时在设备的外壳明显处有接地装置,并标有接地符号。这种电气设备,在其外壳的明显处,均有清晰的永久性金属凸纹红色"KY"标志。这种设备是按照《矿用一般型电气设备》(GB 12173—2008)制造的。

矿用防爆电气设备是按照 GB 3836—2010 生产的供煤矿井下使用的电气设备,该标准规定防爆电气设备分Ⅰ类和Ⅱ类,防爆设备的总标志为"Ex"。

Ⅰ类:用于煤矿井下的电气设备,主要用于含有甲烷等各种爆炸性混合物的环境。

Ⅱ类:用于工厂的防爆电气设备,主要适用于含有除甲烷以外的其他各种爆炸性混合物的环境。

矿用防爆电气设备,除了要符合 GB 3836—2010 的规定外,还必须符合专用标准和其他有关标准的规定。根据不同的防爆要求,矿用防爆电气设备可分为 9 种类型,如表 4-1 所列。

表 4-1　　　　　　　　　　矿用防爆电气设备类型

序号	名称	代号	特点
1	隔爆型电气设备	d	隔爆型电气设备具有一个坚固的隔爆外壳,有一定的机械强度,可将其内部的火花、电弧与隔爆外壳环境中的混合爆炸物隔开
2	增安型电气设备	e	增安型防爆结构只能应用于在正常运行条件下不会产生电弧、火花或不可能点燃爆炸性混合物的高温热源的设备上
3	本质安全型电气设备	i	本安型设备内部所有电路的能量、电流和电压受到限制和保护,在规定的环境下不产生任何电火花或者任何热效应,均不能点燃规定的爆炸性气体环境
4	正压型电气设备	p	具有正压外壳,能保持内部保护气体的压力高于周围爆炸性环境的压力,并能阻止外部爆炸性混合物进入外壳
5	充油型电气设备	o	充油型电气设备全部或部分部件浸入油内,使设备不能点燃油面以上的或壳外的爆炸性混合物
6	充砂型电气设备	q	外壳内充填砂粒材料,使之在规定的使用条件下壳内产生的电弧、传播的火焰、外壳壁或砂粒材料表面的过热,均不能点燃周围爆炸性混合物
7	无火花型电气设备	n	在正常运行条件下,不会点燃周围爆炸性混合物,且一般不会发生有点燃作用的故障
8	浇封型电气设备	m	整台设备或其中部分浇封在浇封剂中,在正常运行和认可的过载或认可的故障下,不能点燃周围的爆炸性混合物
9	特殊型电气设备	s	采用的防爆措施不为上述几种基本防爆类型所包括,经过防爆检验证明确实具有防爆性能的电气设备。这种特殊的防爆电气设备,对点火源与爆炸性气体混合物进行了隔离,即正常或故障时产生的危险因素,不与爆炸性混合物直接接触

2. 矿用电气设备的通用要求

(1) 电气设备的允许最高表面温度：

① 表面可能堆积粉尘时为＋150 ℃；

② 采取防尘堆积措施时为＋450 ℃。

(2) 电气设备与电缆的连接应采用防爆电缆接线盒。电缆的引入、引出必须采用密封式电缆引入装置，并应有防松动、防拔脱措施。

(3) 对不同的额定电压和绝缘材料，电气间隙和爬电距离都有相应的较高要求。

(4) 具有电气和机械闭锁装置，有可靠的接地及防止螺钉松动的装置。

(5) 在设备外壳的明显处，均须设清晰永久性凸纹"Ex"标志，并应有铭牌。

(6) 防爆电气设备必须经国家指定的防爆试验鉴定单位进行严格的试验鉴定，取得防爆合格证后，方可生产。

三、电气设备失爆事故的原因、危害和预防

1. 常见的失爆现象

电气设备的隔爆外壳失去了耐爆性和不传爆性，称为失爆。井下隔爆型电气设备常见的失爆现象有以下几种：

(1) 隔爆外壳因矸石冒落砸伤、支架变形挤压、搬运过程中严重碰撞等而严重变形或出现裂纹，焊缝开焊，连接螺栓不齐全，螺纹扣损坏或拧入深度小于规定值，隔爆外壳内外有锈皮脱落，致使其机械强度达不到耐爆性的要求。

(2) 隔爆接合面严重锈蚀，有较大的机械伤痕（凹坑）、连接螺钉没有压紧而使它们的间隙超过规定值。

(3) 在隔爆外壳内不经批准随便增加元件或部件，使某些电气距离小于规定值，造成经外壳相间弧光接地短路，使外壳烧穿而失爆。

（4）连接电缆没有使用合格的密封圈或未用密封圈,不用的电缆接线孔没有使用合格的封堵挡板而失爆。

（5）接线柱、绝缘座管烧毁,使两个空腔相通,内部爆炸时产生过高压力而使外壳失爆。

（6）开关的联锁装置不全、变形、损坏,起不到联锁作用。

（7）隔爆室观察窗的透明件松动、破裂或机械强度不符合规定。

失爆都是由于安装、运行、维修质量不符合标准或产品质量不符合要求所引起的。电气设备失爆后存在很大的安全隐患,容易产生电弧而引起瓦斯、煤尘爆炸事故,发生漏电提前引爆电雷管可造成重大人身伤亡事故。因此,必须严格保证质量,才能防止失爆。

四、防爆电气设备的管理与维护

矿井使用、备用的电气设备（包括各类开关、电机、接线盒）、使用中的防爆电气设备必须保证台台防爆,因而专职电气维修工,必须每班对所负责的电气设备的防爆性能进行一次专项防爆检查。防爆检查组对井下使用中的防爆电气设备的防爆性能实施监督检查,对事故隐患提出处理意见,并有权停止使用。防爆设备不经防爆检查员检查,不准发给合格证,不准入井使用。为了进一步加强井下电气设备防爆检查,杜绝电气设备失爆,消灭电气火源,确保井下安全生产,要求使用中的电气设备的防爆性能每月进行一次检查。

五、矿用电缆

井下由于环境恶劣,供电线路必须使用电缆。为保证安全供电,应正确选择、安装、使用、维护电缆。井下常用的电缆分为三大类,即铠装电缆、橡套电缆和塑料电缆。

1. 铠装电缆

铠装电缆主要用于井下供电干线或向固定设备供电。

2.橡套电缆

橡套电缆主要用于向采区移动设备供电,可分为普通橡套电缆和屏蔽电缆。

3.塑料电缆

塑料电缆是煤矿使用的一种新型电缆,它的芯线绝缘和外套都用塑料制造,因而敷设时垂直落差不受限制。

煤矿一般要求低压动力电缆应当符合下列规定:

(1)固定敷设的应采用铠装铅包纸绝缘电缆、铠装聚氯乙烯电缆或不延燃橡套软电缆。

(2)移动式或手持式电气设备都应使用专用的分相屏蔽不延燃橡套电缆。

(3)1 140 V设备及采掘工作面660 V及380 V设备必须用分相屏蔽不延燃橡套电缆。

(4)固定敷设的照明、通讯、信号和控制用的电缆应采用铠装电缆、不延燃橡套电缆或矿用塑料电缆;非固定敷设的,应采用不延燃橡套电缆。

(5)低压电缆不应采用铝芯,采区低压电缆严禁采用铝芯。

六、井下供电管理规定

矿井供电管理规定有"十不准"和"三无、四有、两齐、三全、三坚持"两项制度。

井下供电"十不准"即:

(1)不准带电检修;

(2)不准甩掉无压释放器和过流继电器;

(3)不准甩掉检漏继电器和煤电钻、照明、信号综合保护器、风电、瓦斯电闭锁;

(4)不准给未经检查瓦斯的停风、停电采掘工作面送电;

(5)不准明火操作,明火打电,明火爆破;

(6)不准强行给有故障的供电线路送电;

（7）不准用铜、铝、铁丝代替保险丝；

（8）不准给保护装置失灵的电气设备送电；

（9）不准使用失爆设备、失爆电器；

（10）不准在井下拆卸矿灯。

井下供电的"三无、四有、两齐、三全、三坚持"制度即：

三无——无"鸡爪子"、无"羊尾巴"、无明线头。

四有——有合格的过流、漏电保护装置；有合格的接地保护装置；有螺丝和弹簧垫圈；有密封圈和挡板。

两齐——电缆悬挂整齐、设备硐室清洁整齐。

三全——防护装置全、绝缘用具全、图纸资料全。

三坚持——坚持使用漏电继电器；坚持使用煤电钻、信号照明综合保护器；坚持使用瓦斯电、风电闭锁装置。

第三节　输送机电控系统

为满足生产需要，输送机一般在井下巷道中顺次组成输送机线，连续输送煤流。如果到采区煤仓的输送距离远，有时输送机可达十几台。整个运输系统中的各台输送机，可单独控制（即人工就地分台控制），也可集中控制（即由一名司机控制整个运输系统）。

人工就地分台控制就是每台输送机的控制均由一名司机就地操作，是一种最原始的控制方式。这种控制方式是直接操作输送机的控制开关，操作简单，未增加任何控制元器件，维护工作量较少。但需人员多，并因每个司机的思想素质和技术素质不等常有意外事故发生，影响生产正常进行。

集中控制方式是在整个运输线上新增一套集中控制装置，在大巷道装载点集中操纵机构，由一名司机在装载点操纵全部输送机。它不但可节省大量操作人员，也为及时发现故障、缩短停产时间和综合生产自动化创造了条件。

（一）单独控制系统

输送机的单独控制系统比较简单，相当于用启动器直接启动一台电功机，一般接成远方控制操作形式。为保证启动顺序，各台输送机启动器之间要进行联锁，方法是后一台输送机启动器的9号线不在本台上接地，而是接到另一台输送机的启动器的13号线上，通过接触器的常开触点接地。这样只有前一台启动器合闸后，后一台才能启动。输送机的联锁控制如图4-12所示。

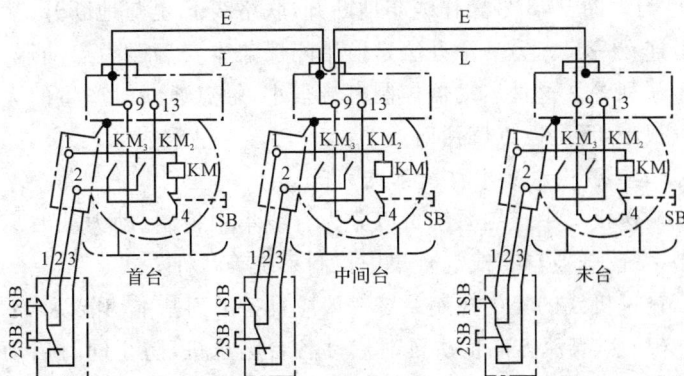

图4-12　输送机的联锁控制

启动过程如下：按下首台启动按钮1SB，首台接触器合闸，触头闭合，电动机启动；辅助触点KM$_2$闭合，磁力线圈电流经KM$_2$、2号控制线、远方停止按钮2SB自保，KM$_3$闭合，为第二台启动做好准备。按下第二台远方启动按钮1SB，磁力线圈KM通电，其电流经第一台KM$_3$形成回路。

变压器一端4→停止按钮SB→KM线圈→1号控制线→本台1SB→3号控制线→本台启动器外壳→联络接地线E→前台KM$_3$→前台13号端子→联络线L→本台9号端子→变压器另一端。

本台启动，本台KM$_3$又为下一台启动做好准备。

启动时各台间要留有 $3\sim4$ s 以上的时间间隔,以防止启动电流叠加起来使电流太大而产生过大的电压降,造成启动困难,甚至引起过电流保护装置动作,造成停电事故。

停止时可按与启动相反的顺序,从后到前逐台停机,也可利用第一台的停止按钮直接进行全线停机。

这种控制方式优点是电路简单,维修方便,并能实现启动顺序的联锁,但存在一个突出问题,即控制线接地,这是《煤矿安全规程》所不允许的。解决办法是变更磁力启动器的内部接线,即:KM$_3$ 与地断开,3 号操作线与地断开,联络线 E 也与地断开,然后三者连在一起。另一个办法是换用隔爆兼本安型磁力启动器,如 QJZ 系列等。这种启动器控制电流很小,触点通断时产生的火花能量很小,不足以点燃瓦斯。

(二)输送机集中控制系统

输送机集中控制系统可以分为有线集中控制、动力载波集中控制系统、载波与有线混合集中控制系统等几种方式。

输送机线的集中控制系统一般应具备下列基本功能要求:

(1)逆煤流方向依次延时启动各台输送机,防止同时启动造成电网的过载;同时还能防止因故不能启动的输送机被煤压住。

(2)能在任一台输送机处停止该台输送机,同时使向该台输送机供煤的所有输送机自动停止。

(3)能方便地将集中控制方式转换成单独控制方式,便于输送机检修后单独试运转。

(4)在输送机线沿线设置多个停车开关,方便在紧急事故时停车。

(5)输送机线启动前有电铃(或电笛)发出启动预告信号,以便于人员远离输送机。

(6)运行中如果因故停车,能自动发出警报音响信号,使维修人员及时排除故障。

(7) 有灯光(或数码管)组成的监视信号,监视各台输送机的工作情况是否良好。

(8) 有音响联系信号或通讯装置,以便首台输送机和末台输送机之间,以及司机和维修人员之间的相互联系。

(9) 有可靠的保护环节,当输送机故障或不正常运行时,可自动立即停车,并发出故障信号。

(10) 对滚筒驱动带式输送机,必须装设有驱动滚筒防滑保护、堆煤保护和防跑偏保护装置,并装设有温度保护、烟雾保护和自动洒水装置,一旦出现故障,应能立即停车,并在故障时发出故障报警信号。

(三) BSY2-36 型随机自动控制系统

BSY2-36 型控制系统(图 4-13)最多可集控 10 台带式输送机、刮板输送机或两者组成的运输线。其主要特点是输送机开停具有随机性,即整条运输线上的每台输送机都是有煤自动运行、无煤自动停车;具有煤仓高、低煤位保护,机头下堆煤保护,断带(断链)保护,打滑低速保护,跑偏保护,横向撕带保护,温度保护(烟雾保护)等多种保护功能;还具有声光监测信号,可以实现各台输送机之间的通讯联络。它的主要电路由 CMOS 集成电路组成,性能可靠,功耗很低,安全性能好,结构简单,使用方便。

1. 主要结构

(1) 主机——控制箱,由防爆箱及本安箱两个箱体连在一起组成。箱体正面有铭牌、运行状态指示观察窗、信号按钮、急停闭锁开关,箱体两侧配有扬声器和送话器。该控制系统是隔爆本质安全型的,体积小,重量轻,便于携带安装。主要电路采用 CMOS 集成电路,故障率低,可靠耐用。

(2) 附件——传感器,包括开车传感器、煤位传感器、速度传感器、跑偏传感器、中途停车传感器、终端控制开关传感器、温度传感器(发射机、接收机)、烟雾传感器、洒水装置、电源控制箱等。

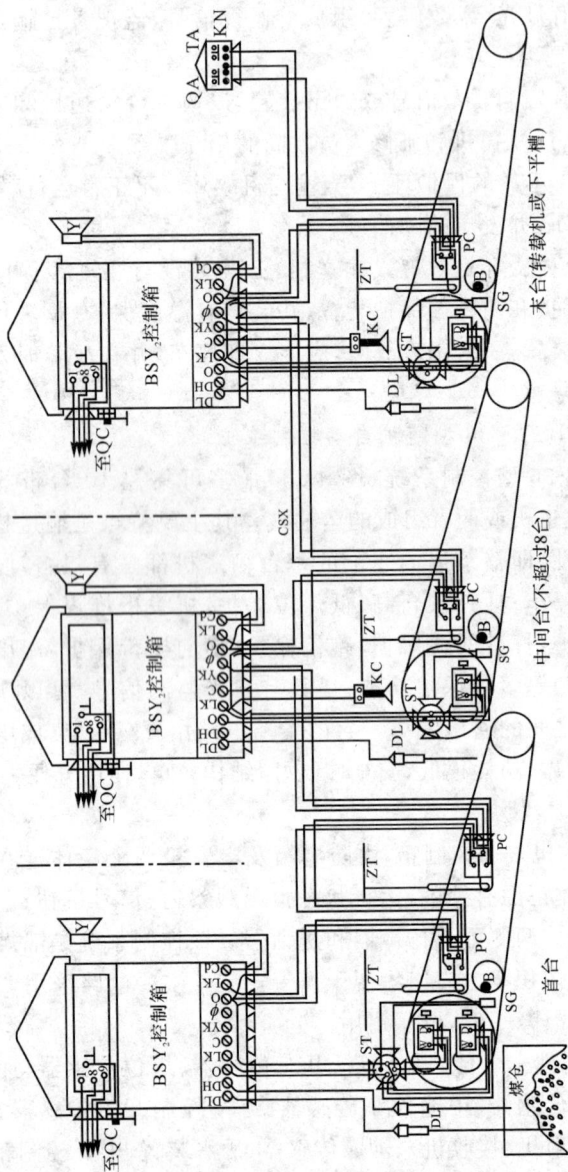

图 4-13　BSY₂-36矿用隔爆型输送机随机控制系统配置示意图

(3) 传输电缆的功能是将各台控制相连接为一个控制系统。

(4) 传感器与控制箱的连接全部用电缆。

2. 随机控制系统工作过程

(1) 正常开车。对现有矿井来说,工作面开采眼输送机和平巷的转载机一般由人工直接控制。当开采眼有煤流出时,司机将终端开关拨到开的位置,转载机开始运行,煤被运到机头时,有一定高度的煤将碰触悬吊于转载机头上方并与转载机刮板机保持一定高度的开车传感器 KC。由于 KC 的摆动,与 KC 连在一起的磁控开关便闭合一次,给中间台发送一个开关信号,中间台收到转载机头送来的开车信号后,首先发出启动预警信号,以提醒周围人员注意安全;启动预警信号维持 3~5 s 后,中间台开始运转,将转载机送来的煤从机尾运至机头,煤运至机头时,又碰触中间台机头上方的开车传感器,使其摆动,这样再往前一台发一个开车信号。这样依次进行,直到最前边的首台输送机运转,把煤运到煤仓或直接装车。如工作面连续出煤,各机头的开车传感器 KC 中的磁控开关将连续发生间歇性闭合,不断地给下一台发送开车维持信号,各台输送机将连续不停地运行,一直把煤源源不断地运到煤仓。

(2) 正常停车。运输线正常运行过程中,如果工作面停止出煤,转载机由人工控制停车,转载机头上方的开车传感器 KC 由于无煤碰触而静止不动,也不再向中间台发送开车维持信号,中间台输送机把煤全部远至下一部机尾后自动停车,中间台停车后,又停止向前一台发送开车维持信号,如此依次进行,每台输送机将煤运完后均自动停车,直到首台输送机把煤运完后也停下来,全线停车。如果工作面停止出煤,而即使由于司机的原因转载机没有停车,也将重复上述过程,全线自动停车。

(3) 随机控制系统。正常开车是顺煤流方向逐台启动的过程,正常停车是顺煤流方向逐台停车的过程,它和人工控制的逆煤流启动、逆煤流停车过程不一样，与集中控制的逆煤流启动、全线同时停车的过程也不一样。

（4）随机控制系统中的每台输送机都能做到煤不运完不停车、把煤运完不空转。这是因为控制箱中设有延时停车电路，延时时间可方便地根据每台输送机的速度和长度进行调整，使延时时间稍大于输送机把煤由机尾运至下台输送机机尾的时间。这样全线停车后，煤被全部运至煤仓，整条运输线上不会有存煤现象。

（5）开停车的随机性。煤矿的特点决定了采煤工作面出煤经常是断断续续的，而每台输送机的开停是取决于它本身是否有煤可运，因此在整个运输中会出现中间台运行，里外都停车或里外都运行而中间台停车的情况。这种情况可能经常发生，这正是本系统所独具的特殊工作性能。

第二部分　输送机司机初级工专业知识和技能要求

第五章　输送机操作、维护和故障处理

第一节　带式输送机

一、带式输送机结构和工作原理

带式输送机也称皮带输送机或胶带输送机,带式输送机的胶带兼作牵引机构和承载机构,是一种以摩擦驱动连续运送物料的运输设备,在矿井地面和井下运输中应用非常广泛。随着井下装备机械化程度和综采工作面产量的逐渐提高,带式输送机已成为煤矿生产中的一种主要运输设备。

（一）带式输送机的优缺点

1. 带式输送机的优点

与其他运输设备相比,带式输送机不仅具有运输能力大、运输速度快、输送距离远、能连续作业等优点,而且运行可靠,便于实现自动化和远程集中控制,因而成为煤矿生产中较为理想的高效连续运输设备。

带式输送机的结构特点决定了其在运输散装物料方面具有优良性能,主要表现在:带式输送机运输能力大,且工作阻力小,耗电量低,约为刮板输送机的 $1/5\sim1/3$;由于物料同输送带一起移动,故磨损比较小,同刮板输送机相比较,运输过程中煤炭抛撒少,破碎率较低;带式输送机的单台运输距离长,在同等运力及运距条件下,和刮板输送机相比,所需的设备台数少,转载环节少,可以节省设备和人力投入,并且后期维护简便易行。

2.带式输送机的缺点

带式输送机初期投资费用较高,输送带的成本约占整个带式输送机费用的一半,输送带成本高且易磨损,不宜输送有尖棱的物料。带式输送机可用于水平及倾斜运输,用于倾斜巷道运输时,考虑到胶带与物料之间的动摩擦系数以及煤质、块度、含水的影响,一般倾斜向上运输角度不超过 18°,向下运输不超过 15°;在运送附着性和黏结性大的物料时,倾角也可以适当增加;大倾角上运带式输送机向上运输煤炭时,倾角可达 25°。从结构上看,带式输送机最适于直线运输,对弯曲巷道的适应性仍然较差。

(二)带式输送机的工作原理

带式输送机的上下两股胶带都支撑在托辊上,胶带绕经主动滚筒和机尾改向滚筒连接形成一个无极的封闭环行带。拉紧装置拉紧胶带后,可以维持正常运转所需的张紧力。当主动滚筒在电动机驱动下旋转时,靠胶带与主动滚筒之间的摩擦力,带动胶带及胶带上面的物料一同连续运转,从而将物料从机尾运到机头,通过胶带的转向而卸载,如图 5-1 所示。

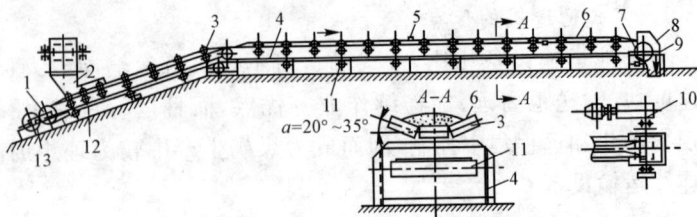

图 5-1　带式输送机结构图

1——尾部(改向)滚筒;2——加料装置;3——上托辊;4——机架;
5——安全保护装置;6——输送带;7——传动滚筒;8——卸料装置;
9——清扫器;10——驱动装置;11——下托辊;12——缓冲托辊;13——拉紧装置

带式输送机的上带运送物料,一般称为工作段或重载段;下带不装载物料,称为回空段或返回段。胶带的工作段一般采用槽型托辊支撑,形成槽型承载断面,以增加承载断面积,且物料不易撒落。回空段不装物料,因而以平型托辊支撑。托辊两端装有滚动轴承,转动灵活,运行阻力小、噪声低。

（三）输送机的形式

根据不同的工作条件,人们设计出了不同种类的带式输送机。按牵引方式不同,带式输送机可分为钢丝绳牵引带式输送机和滚筒驱动带式输送机两大类。一般情况下,采区常采用滚筒驱动方式,大巷多采用滚筒驱动方式,也可用钢丝绳牵引方式,主运输胶带一般采用钢丝绳牵引方式。

滚筒驱动带式输送机,又可分为通用带式输送机和钢丝绳芯强力带式输送机。通用带式输送机按照移动方式可分为固定式、伸缩式和转载式;按机身结构可分为绳架式、钢架式;按安装铺设方式可分为落地式、吊挂式;按传动方式分为单电动机传动、双电动机传动、三电动机传动;按用途分为单向可伸缩带式输送机、双向可伸缩带式输送机;按驱动点数量分为单点驱动、多点驱动。下面介绍一下煤矿常用的几种带式输送机。

1. 通用固定式带式输送机

带式输送机安装在固定的机架上,其落地式机架固定在底板或基础上,因拆卸比较麻烦,难以满足采区运输的需要,故多用于运距短、需永久使用的地点,如:选煤厂及斜井、主运输巷等井下主要运输巷道内。

2. 绳架吊挂式胶带输送机

以悬吊在支架棚梁上的钢丝绳为机架的胶带输送机称为绳架吊挂式胶带输送机,如图 5-2 所示。

绳架吊挂式胶带输送机主要用于煤矿井下采区巷道和集中运送巷作为运送煤炭的设备,在条件适宜的情况下,亦可适用于采区上、下山运输。这种输送机有如下特点:

（1）机身结构为绳架式,用两根纵向平行布置的钢丝绳代替

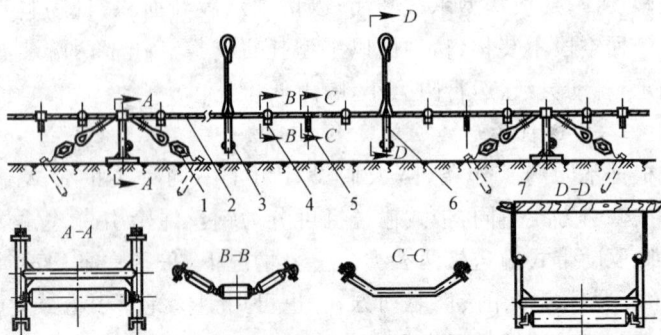

图 5-2　绳架吊挂式胶带输送机

1——紧绳装置；2——钢丝绳；3——下托辊；

4——铰接槽型托辊；5——分绳架；6——中间吊架；7——紧绳托架

一般带式输送机的刚性机架,钢丝绳在一定距离内张紧锚固。因此,结构简单,节省钢材,安装拆卸及调整都很方便,并且可以利用矿井运输提升中换下来的旧钢丝绳。

(2)上托辊为由三个托辊组成的铰接式槽型托辊,用绳卡悬挂在钢丝绳上。由于钢丝绳具有弹性,铰接托辊槽型角可随负载大小而变化,因而可以提高运输能力和减少撒煤现象,还可以减轻大块煤通过托辊时产生的冲击,延长胶带和托辊的使用寿命。

(3)机身吊挂在巷道支架上,也可架设在底板上,机身高度能够调节。采用吊挂机身便于清扫巷道底板,并能适应底板不平、巷道积水的巷道。

(4)运输机可用单电动机驱动或双电动机驱动,以适应各种运输任务和输送长度对功率的要求。传动布置中装有液力耦合器,以改善启动性能,并保证在双电动机驱动时负荷分布趋于均衡。

(5)胶带的张紧装置在机头部,利用蜗轮蜗杆传动钢丝绳将张紧滚筒拉紧,操作简便省力,司机可及时调整胶带的张紧力。

3. 可伸缩胶带输送机

在综合机械化采煤工作面中,工作面推进速度比较快,煤炭的运输距离随巷道长度的改变而变化,这就要求巷道运输设备能够比较灵活地迅速缩短或伸长,可伸缩胶带输送机正是根据这个要求而设计的。它的传动原理和普通胶带输送机一样,都是借助于胶带与滚筒之间的摩擦力来驱动胶带运行的。在结构上的主要特点是比普通胶带输送机多一个储带仓和一套储带设备装置,根据移动机尾进行储带仓内多次折返和收放的原理调节输送机长度。这种带式输送机主要用于前进或后退式长壁采煤工作面的平巷和巷道掘进时的运输工作。可伸缩胶带输送机如图 5-3 所示。

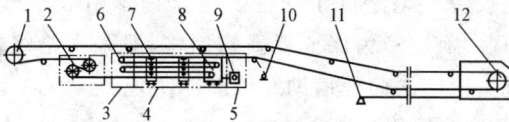

图 5-3　可伸缩胶带输送机

1——卸载滚筒;2——驱动滚筒;3——固定滚筒段;4——储带仓段;
5——拉紧绞车段;6——固定滚筒;7——托辊小车;8——拉紧小车;
9——拉紧绞车;10——卷带装置;11——机尾牵引机构;12——机尾改向滚筒

4. 强力胶带输送机

强力胶带输送机是指钢绳芯胶带输送机,它与普通胶带输送机不同之处在于用钢丝绳芯胶带代替了普通胶带,从而使胶带强度提高了几十倍甚至上百倍。强力胶带输送机主要用于运输任务大、运输距离长、长距离无转载的工作地点。

5. 钢丝绳牵引胶带输送机

钢丝绳牵引胶带输送机是一种特殊形式的强力胶带输送机。它以钢丝绳作为牵引机构,而胶带只起承载作用,不承受牵引力,使得牵引机构和承载机构分开,从而解决了运输距离长、运输量大和胶带强度不够、运输不稳的矛盾。

　　钢丝绳牵引胶带输送机的两条平行无极钢丝绳绕过主动绳轮和尾部钢丝绳张紧车上的绳轮。主动绳轮传动时借助于其衬垫与钢丝绳之间的摩擦力，带动钢丝绳运行。胶带以其特制的绳槽搭在两条钢丝绳上，靠胶带与钢丝绳之间的摩擦力而被拖动运行，完成货载输送任务，钢丝绳的空、重段布置托绳轮支承。胶带在机头及机尾换向滚筒处应脱离钢丝绳，而从两条钢丝绳之间弯曲，因此在胶带换向弯曲处必须使胶带抬高，使两条钢丝绳间距加大，因而在胶带张紧车上设有分绳轮，在胶带卸载架上也设有分绳轮。为了保证钢丝绳有一定张力，使钢丝绳在拖绳间的悬垂度不超过一定限度，在机尾设有钢丝绳拉紧装置。胶带拉紧装置的作用是使胶带不至于过于松弛。钢丝绳牵引胶带输送机设有尾部和中间装载设备，为保证装载均匀，一般采用给煤机装煤，卸载一般在机头换向滚筒处借助卸载漏斗实现。

　　6. 中间多级驱动胶带输送机

　　中间多级驱动胶带输送机实质上是一种直线摩擦驱动形式的长距离胶带输送机。即在一台长距离胶带输送机（主机）主胶带中间，装设若干台短的普通胶带输送机（辅机）作为中间驱动装置，利用托辊及压辊使主胶带的直线工作段分别与中间驱动装置的胶带相互贴紧，借助各台短的胶带输送机上的直线段胶带与长距离胶带输送机的胶带间相互贴紧所产生的摩擦力而驱动长距离胶带输送机。这些短带机即为中间多级直线摩擦驱动装置，长距离胶带输送机的胶带则为承载和牵引机构。直线摩擦式多点驱动带式输送机如图 5-4 所示。

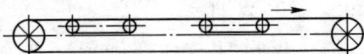

图 5-4　直线摩擦式多点驱动带式输送机

　　使用中间多级驱动胶带输送机，可以将驱动装置沿长距离胶带输送机的整个长度上进行多点布置，大大降低胶带的张力，故可使用一般强度的普通胶带完成长距离、大运量的输送任务，达到减少设备、增加输送距离的目的；同时，驱动装置中的滚筒、减速器、联轴器、电动机等各部件的尺寸也可相应地缩小，亦可采用大批量生产的小型标准通用驱动设备，从而降低了设备的成本，使初期投资大为降低。

（四）带式输送机的型号含义

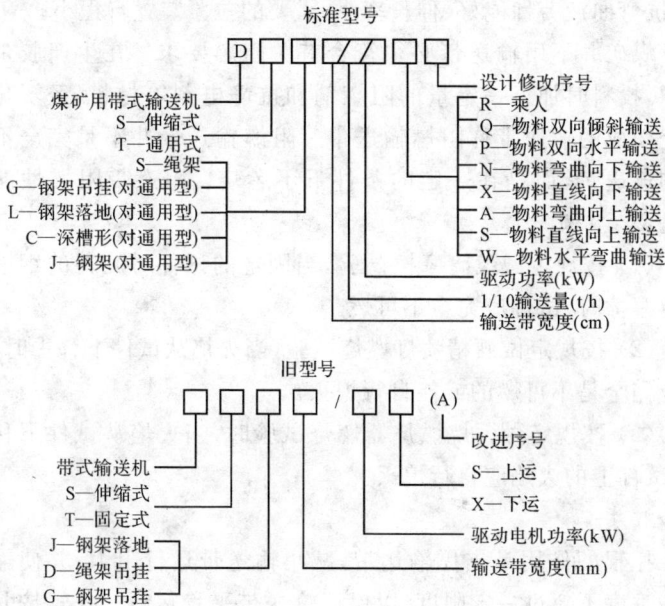

标准型号

煤矿用带式输送机
S—伸缩式
T—通用式
S—绳架
G—钢架吊挂（对通用型）
L—钢架落地（对通用型）
C—深槽形（对通用型）
J—钢架（对通用型）

设计修改序号
R—乘人
Q—物料双向倾斜输送
P—物料双向水平输送
N—物料弯曲向下输送
X—物料直线向下输送
A—物料弯曲向上输送
S—物料直线向上输送
W—物料水平弯曲输送
驱动功率(kW)
1/10输送量(t/h)
输送带宽度(cm)

旧型号

带式输送机
S—伸缩式
T—固定式
J—钢架落地
D—绳架吊挂
G—钢架吊挂

改进序号
S—上运
X—下运
驱动电机功率(kW)
输送带宽度(mm)

（五）带式输送机的结构

带式输送机主要包括以下部分：胶带、托辊及机架、驱动装置、拉紧装置、储带装置、清扫装置、保护装置以及除铁器等附属装置。

1. 胶带

按输送带带芯结构和材料不同，输送带被分为织物层芯和钢丝绳芯两大类。织物层芯输送带又分为分层织物层芯和整体编织织物层芯。

与分层织物层芯输送带相比,整体编织织物层芯输送带在带强相同的前提下,厚度小、耐冲击性能好、使用中不分层开裂,但伸长率较高,需要较大的拉紧行程。

钢丝绳芯输送带是由许多柔软的细钢丝绳相隔一定间距排列,用和钢丝绳有良好黏合性的胶料黏合而成。它纵向拉伸强度高、抗弯曲疲劳性能好、伸长率小、需要的拉紧装置行程小。

煤矿井下用输送带必须符合有关阻燃要求。在生产胶带过程中,投料时加入一定量的阻燃剂和抗静电剂等材料,经塑化和硫化而成的输送带称阻燃输送带。阻燃输送带并不是完全不燃烧的输送带,而是在一定的条件下不燃烧。阻燃带阻燃性的含义是:

(1)按规定做滚筒摩擦试验,当固定的试件对旋转的钢滚筒产生摩擦时,试件应完全不可燃。

(2)按规定做酒精喷灯燃烧试验,当火焰从试件下移去时,试件应完全是不可燃的或能自行熄灭。

(3)按规定做丙烷燃烧器燃烧试验时,当火焰从试件下移去时,试件上的火焰应自行熄灭。

2. 托辊

托辊的作用是支撑输送带,减小输送带运行阻力,并使输送带的垂度不超过一定限度,以保证输送带平稳运行。托辊按其用途可分为槽型托辊、平型托辊、调心托辊和缓冲托辊等。

托辊具体的结构形式较多,但结构原理大体相同,主要由心轴、管体、轴承座、轴承和密封装置等组成,且大多做成定轴式。

图 5-5(a)所示是钢板冲压轴承座托辊。它的管体用 $\phi 108 \times 4.5$ mm 钢管制造。轴承座用 3 mm 厚的 08F 钢板冲压而成。采用双层尼龙迷宫密封,储油空间大,防水、防尘,密封性能好,使用寿命长。冲压轴承座重量轻、空载功率低。

图 5-5(b)所示是铸铁轴承座托辊。它使用一层尼龙迷宫密封，密封性能不如前者。由于使用 305K 轴承，承载能力大于前者。铸铁轴承座的重量较大，但生产成本较低。

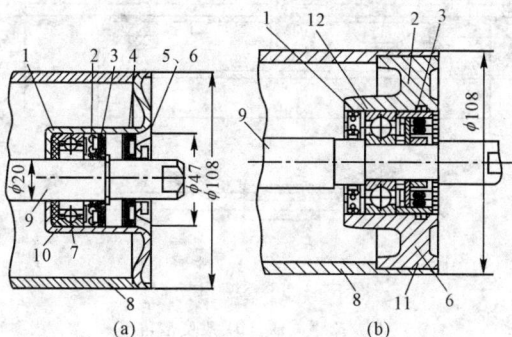

图 5-5　托辊

(a) 钢板冲压轴承座托辊；(b) 铸铁轴承座托辊

1——尼龙内挡圈；2,3,4——尼龙迷宫圈；5,6——外挡盖；7——轴承(204K)；8——管体；9——托辊轴；10——冲压轴承座；11——铸铁轴承座；12——轴承(305K)

可变槽角托辊(图 5-6)采用钢管为托辊轴，管外有弹簧 6，弹簧右端与固定在空心轴 1 上的弹簧座 7 接触，左端与滑动弹簧座 5 接触。滑动弹簧座用销子 4 固定在挂钩 15 上，同时可在空心轴的槽内滑动。因此，当输送带上有货载时，托辊受压，通过挂钩压缩弹簧 6，使托辊距离伸长，槽角变大。这种托辊槽角的变化范围在 28°～35°之间，从而保持输送带始终与托辊接触，运转平稳，不易跑偏。

3. 驱动装置

驱动装置是带式输送的动力来源。电动机通过联轴器、减速器带动主动滚筒转动，借助滚筒与输送带之间的摩擦力，使输送带运动。

按电机数目分，有单电机驱动和多电机驱动。按传动滚筒的数目分，有单滚筒驱动、双滚筒驱动和多滚筒驱动。

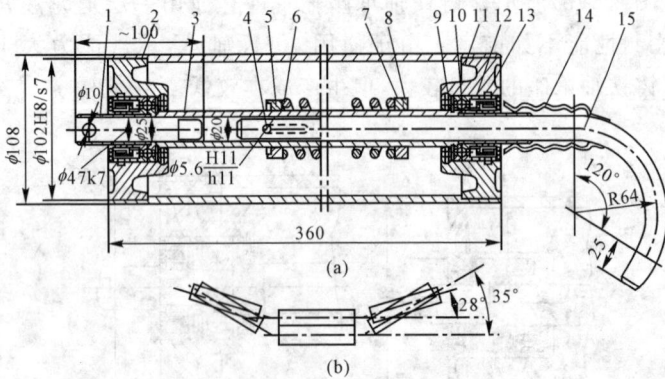

图 5-6 可变槽角托辊

（a）托辊截面；（b）改变槽角

1——空心轴；2——管体；3——堵；4——销；5——滑动弹簧座；

6——弹簧；7——弹簧座；8——挡；9——尼龙挡圈；10——轴承；

11——轴承座；12,13——内外迷宫圈；14——护套；15——挂钩

SSJ800/2×40 型可伸缩带式输送机的传动系统如图 5-7 所示，

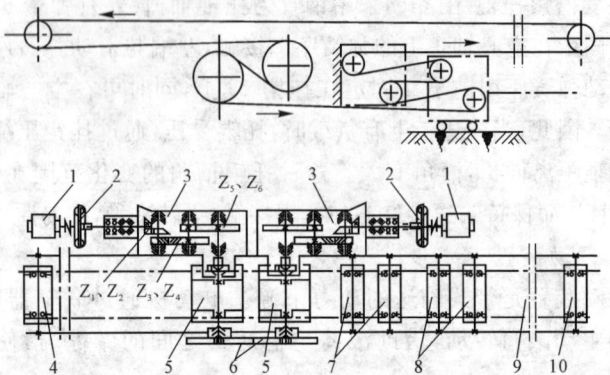

图 5-7 SSJ800/2×40 型可伸缩带式输送机的传动系统

1——电动机；2——液力耦合器；3——减速器；4——机头滚筒；5——传动滚筒；

6——联动齿轮；7——改向滚筒；8——游动滚筒；9——输送带；10——机尾滚筒

由电动机 1、液力耦合器 2、减速器 3、机头滚筒 4、传动滚筒 5、改向滚筒 7、游动滚筒 8、机尾滚筒 10 等部件组成。其传动原理是：当电动机开动后，通过液力耦合器 2 带动减速器 3，经齿轮减速后由齿形联轴器带动传动滚筒 5 旋转。当输送带缠绕在两个传动滚筒并拉紧后，通过摩擦带动输送带 9 运转。为了避免两个传动滚筒产生滑差，两个滚筒用齿数相等的联动齿轮 6 啮合传动。

SSJ800/2×40 型可伸缩带式输送机减速器的结构如图 5-8 所示。该减速器采用三级圆锥圆柱齿轮传动，第一级传动齿轮采用圆弧锥齿轮，第二级传动齿轮采用斜齿圆柱齿轮，第三级传动齿轮采用直齿圆柱齿轮。壳体采用水平剖分式，上下对称，用销子定位，螺栓固定，便于检修。输入轴采用花键与液力耦合器连接，输出轴采用齿形联轴器与传动滚筒连接。

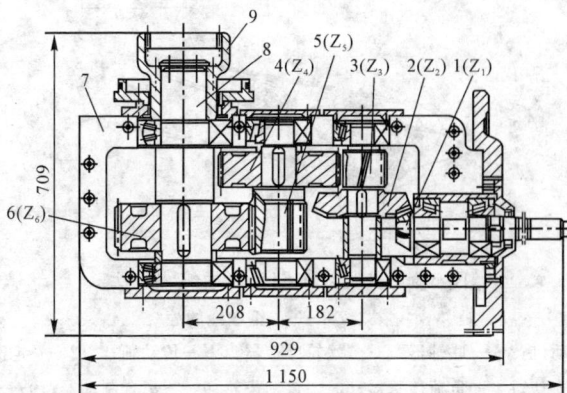

图 5-8　SSJ800/2×40 型可伸缩带式输送机减速器结构图

1——输入轴；2——锥齿轮；3，5——轴齿轮；4——斜齿轮；
6——圆柱齿轮；7——壳体；8——输出轴；9——齿形联轴器

4. 拉紧装置

拉紧装置的作用，一是保证输送带有足够的张力，使滚筒与输送带之间产生必要的摩擦力；二是限制输送带在各支承托辊间的垂度,使带式输送机能正常工作。

　　按工作原理不同,拉紧装置分重锤式、固定式和自动式三种。

　　SSJ800/2×40 型可伸缩带式输送机使用 7.5 kW 张紧绞车松紧输送带。牵引绳的缠绕方法如图 5-9 所示。四组定滑轮组 12 安装在牵引绞车基座上,四组动滑轮组 14 安装在储带仓的移动小车 15 上。牵引绳头一端固定在带式输送机框架上的负荷传感器 7 上,另一端缠绕在绞车滚筒上。绞车的牵引力通过滑轮组放大 38 倍,从而减小了牵引绞车的功率。

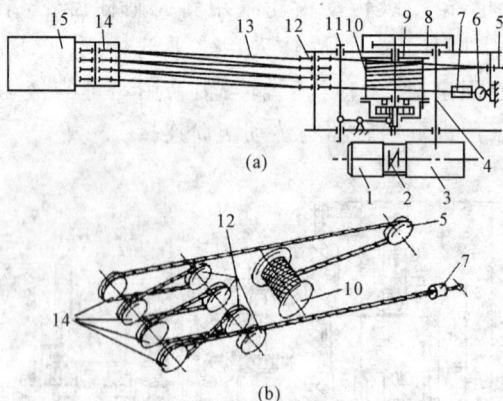

图 5-9　张紧绞车钢丝绳的缠绕方法

(a) 张紧绞车;(b) 钢丝绳的缠绕

1——电动机;2——联轴器;3——蜗轮减速器;4——传动轴;5,12——定滑轮组;
6——张力计;7——负荷传感器;8——传动齿轮;9——离合制动器;10——滚筒;
11——操纵装置;13——钢丝绳;14——动滑轮组;15——移动小车

5. 制动器

　　带式输送机倾斜向下运输时,为了防止在停机过程中出现输送带超速或滚料,必须装设安全、可靠的制动装置。制动装置按工作方式不同分逆止器和制动器。

（1）逆止器

为了防止倾斜向上运输的带式输送机停机后输送带的反向逆行，必须装设安全、可靠的逆止装置。对逆止装置的要求是：

① 逆止装置的额定逆止力矩应大于输送机所需逆止力矩的1.5倍。

② 逆止装置的设置，不得影响减速器正常运转。

常见的逆止器有塞带逆止器、滚柱逆止器和非接触型逆止器等。

塞带逆止器如图 5-10 所示。在卸载滚筒架上固定一块胶带，也称塞带。正常运转时，塞带呈卷曲状态，其自由端与滚筒相脱离。当满载停车时，胶带发生逆转。此时，储存在滚筒内部的一段塞带被逆转的胶带带动，塞进胶带与滚筒之间，从而使胶带和滚筒塞住，达到防止胶带继续逆转的目的。这种逆止器结构简单，造价便宜，缺点是制动器制动时必须先倒转一段距离，易造成端部装载处堵塞溢料。头部驱动滚筒直径越大，倒转的距离越滚柱

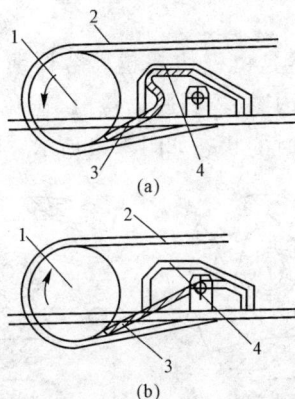

图 5-10　塞带逆止器

（a）正常运转位置；（b）塞带逆止状态

1——滚筒；2——胶带；3——塞带；4——固定架

长,因此对于功率较大的带式输送机不宜采用塞带逆止器,只能
用于向上运输的小型输送机上。

逆止器如图 5-11 所示。在输送机正常工作时,滚柱在切口的
最宽处,因此不妨碍星轮的运转。当输送机停车时,在负载重量
的作用下,输送带带动星轮反转。滚柱处在固定圈与星轮切口的
狭窄处,滚柱被楔住,输送机就被制动。

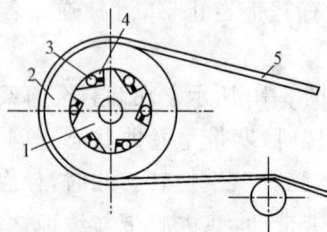

图 5-11　滚柱逆止器

1——星轮;2——固定圈;3——滚子;4——弹簧柱销;5——胶带

这种逆止器制动平稳可靠,但也只能用于向上运输时防止输
送机逆转。

非接触型逆止器是由楔块超越离合器演变而来的新型逆止
装置。它利用楔块、内圈、外圈脱离接触,避免了不必要的摩擦磨
损,楔块在不同状态时的状态如图 5-12 所示。这种装置与前几种制

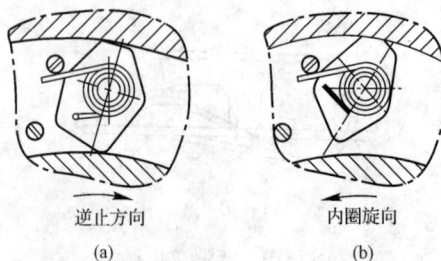

逆止方向　　　　　　　　内圈旋向

(a)　　　　　　　　　(b)

图 5-12　楔块在不同状态时的位置

(a) 逆止状态;(b) 非接触运转状态

动器比较,具有逆止可靠、寿命长的优点,其综合性能明显优于其他逆止装置。逆止器装在减速器高速轴上,为阻止逆止器回转,必须将逆止器销轴固定,可采用加防转轴座和底架等。

（2）制动器

① 制动器的结构和工作原理

带式输送机常用的制动器分为闸瓦制动器和盘式制动器两大类。

对于闸瓦制动器,它由制动臂、闸瓦、制动轮和弹簧等部件组成,是一种综合块式制动装置,如图 5-13 所示。

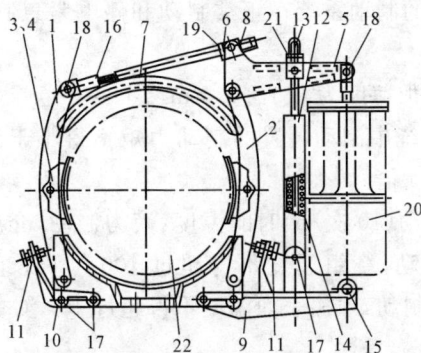

图 5-13　闸瓦制动器

1,2——左右制动臂;3——闸瓦;4——闸衬;5——三角杆;6——十字头;
7——调节杆;8——间隔套;9,10——支座;11——调节螺钉;12——套管;
13——螺杆;14——弹簧;15,17,18——销轴;16——叉头;19——垫;
20——电液推动器;21——螺母;22——制动轮

两个制动臂 1、2 的下部用销轴固定在电动机与减速器间连接筒的壳体上。调节杆 7 通过叉头 16 用销轴与制动臂 1 相连,另一端的十字头 6、间隔套 8 铰接在三角杆 5 上。三角杆的两端与制动臂 2 和电液推动器 20 的活塞杆铰接,将弹簧 14 压入套管 12 内。螺杆 13 穿过三角杆铰接的十字头。套管 12 的另一端用销轴 17 与支座 9 铰接,支座 9 则用销轴固定在连接筒的壳体上。制动轮 22 用螺栓连接在减速器输入轴的法兰套上。为了限制制动臂的位移和调节闸瓦间隙,两边均装有调节螺钉 11,分别安装在支座 9 和 10 上。支座 10 也用销轴 17 固定在连接筒的壳体上。

制动装置的工作原理是利用电液推动器 20 控制,当电液推动器通电后,制动闸松开;断电后,制动闸在弹簧 14 的作用下自动抱闸。电液推动器活塞杆的行程为 50 mm,制动闸最大制动力矩为 500 N·m。

② 制动器的要求

各种形式的制动系统在正常制动和停电紧急制动时,应满足如下性能要求:

a. 制动减加速度为 0.1～0.3 m/s。

b. 制动系统中制动装置的制动力矩不得小于该输送机所需制动力矩的 1.5 倍。

c. 频繁制动(10 次/h)时的温度:液力制动,介质液温不得超过 85 ℃;电制动,绕组温度不得超过 100 ℃(绕组为 F 级绝缘时);机械摩擦制动,摩擦表面温度不得超过 150 ℃。

6. 卷带装置

卷带装置由卷带绞车 1、储带滚筒 2、小车移动架 3、顶尖小车 4、卷带装置架 5 等部件组成,如图 5-14 所示。它设在储带装置后侧,其作用是:

(1) 对于后退式采煤方法,输送机缩短一定距离后,它可以从储带仓中取出一段输送带。

(2) 对于前进式采煤方法或与掘进工作面配套使用,输送机延长一定距离后,它可以向储带仓增加一段输送带。

7. 清扫装置

清扫装置的作用是清扫输送带表面的黏着物,如煤粉等,防止其黏结在滚筒表面,引起输送带磨损、跑偏、电动机功率不平衡

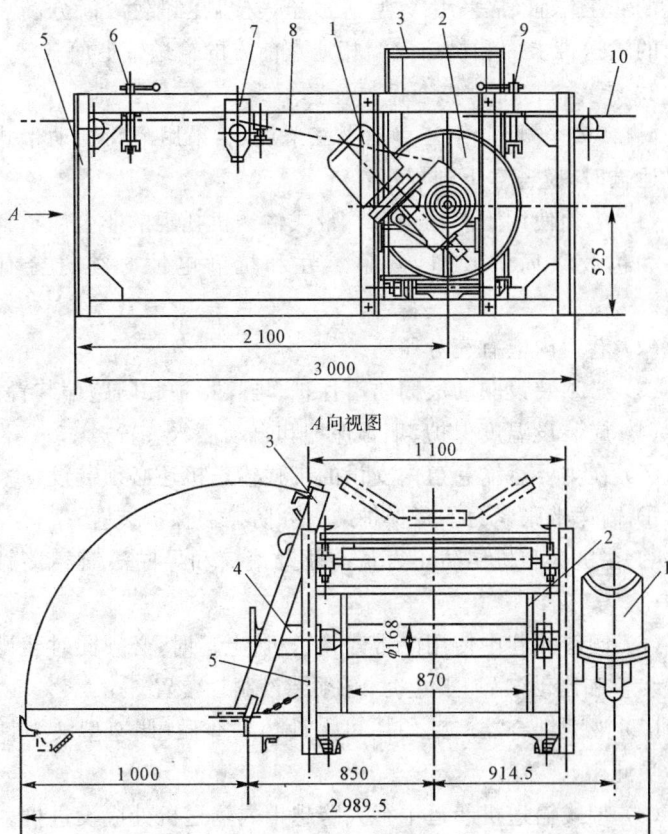

A 向视图

图 5-14 卷带装置

1——卷带绞车;2——储带滚筒;3——小车移动架;4——顶尖小车;5——卷带装置架;
6,9——夹板;7——跳心托辊;8——输送带(前端);10——输送带(后端)

等。清扫装置分为头部清扫器和回空段清扫器,头部清扫器用于
清扫输送带的工作面,常采用 H 型和 P 型硬质合金橡胶清扫器。
H 型清扫器安装在头部卸载滚筒的前下方;P 型清扫器安装在卸
载滚筒分离点处后面的输送带下面。回空段清扫器用于清扫输送带的非工作面,常采用 V 型清扫器,安装在卸载滚筒分离点处后面的输送带上面和机尾滚筒相遇点前方的输送带上面。

8. 带式输送机的安全保护装置

《煤矿安全规程》第三百七十三条规定:采用滚筒驱动带式输送机运输时,应遵守下列规定:

(1)必须使用阻燃输送带。带式输送机托辊的非金属材料零部件和包胶滚筒的胶料,其阻燃性和抗静电性必须符合有关规定。

(2)巷道内应有充分照明。

(3)必须装设驱动滚筒防滑保护、堆煤保护和防跑偏装置。

(4)应装设温度保护、烟雾保护和自动洒水装置。

(5)在主要运输巷道内安设的带式输送机还必须装设:

① 输送带张紧力下降保护装置和防撕裂保护装置;

② 在机头和机尾防止人员与驱动滚筒和导向滚筒相接触的防护栏。

(6)倾斜井巷中使用的带式输送机,上运时,必须同时装设防逆转装置和制动装置;下运时,必须装设制动装置。

(7)液力耦合器严禁使用可燃性传动介质(调速型液力耦合器不受此限)。

(8)带式输送机巷道中行人跨越带式输送机处应设过桥。

(9)带式输送机应加设软启动装置,下运带式输送机应加设软制动装置。

在使用中,为了防止发生事故,必须按照相关规程有关要求做好各类保护。

(1)打滑、低速、断带保护装置

打滑、低速、断带保护装置,又叫做防滑保护装置。固定在滚筒上的磁钢每旋转一周,传感器探头内的霍尔元件就会反馈给控制箱一个电压信号;通过计算可以探测胶带的速度及加速度,实现超速打滑保护;从而在发生胶带与驱动滚筒打滑、机头导向滚筒转速降低或断带事故时控制带式输送机停机,避免胶带着火等恶性事故的发生。

速度传感器(图 5-15)要牢固固定在从动滚筒端面相对的胶带机架上;安装磁铁时可将从动滚筒端面的固定螺丝去掉一根,将磁钢拧上;磁铁与传感器之间的距离 d 不应大于 30 mm(距离较大时可以采用在磁钢下面加垫片的方法修正);磁铁与传感器机体要对齐,且保证磁钢和传感器不得碰触胶带机架或者滚筒。

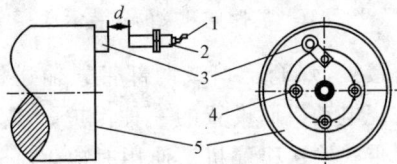

图 5-15　速度传感器的安装示意

1——传感器引线;2——速度传感器;3——磁铁;
4——导向滚筒端盖固定螺栓;5——从动滚筒

(2) 防跑偏保护装置

跑偏传感器用于胶带跑偏的检测和保护。带式输送机大多采用行程开关式跑偏保护装置,它由防跑偏传感器和控制箱组成。当胶带跑偏时,胶带将立辊推向外侧,使传感器的动触头和固定触头接触,控制箱控制带式输送机断电停车。跑偏开关成对使用,角度可以调整,防跑偏开关的安装如图 5-16 所示。

防跑偏传感器一般安装在机头架最后一个小方架上;跑偏开关挡轮与胶带保持垂直,要求在胶带偏离中心线 60 mm(800 mm 胶带)或 100 mm(1 000 mm 胶带)时,胶带能够触及防跑偏传感器立杆。

(3) 堆煤保护装置

堆煤传感器用于检测煤仓或机头煤位高度,通常安装在胶带

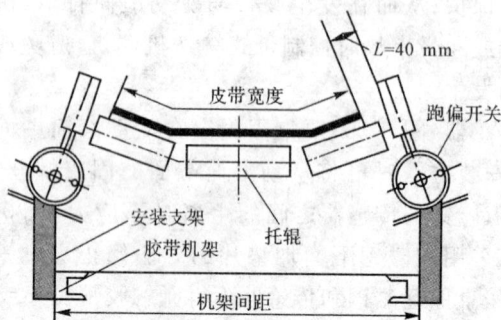

图 5-16　防跑偏开关的安装示意

与刮板输送机搭接处、煤仓上口或两部带式输送机搭接处,是为防止堆煤压机头烧电动机而设置的一种保护。当发生堆煤时,堆煤保护装置控制带式输送机停机。使用时应保证正常落煤、机器振动、滴水、煤尘积聚时不误动作,大块煤矸石撞击不能使其损坏。堆煤保护装置有煤电极式、偏摆开关式两种。

① 煤电极式堆煤保护装置

煤电极式堆煤传感器(图 5-17)是一条电缆或特制的煤位探头,安装在煤仓上口或两部带式输送机搭接处要检测的位置,当堆煤达到一定高度,使煤电极与大地之间的煤电阻达到 $1 \sim 1.5 \ M\Omega$ 时,电控箱动作。

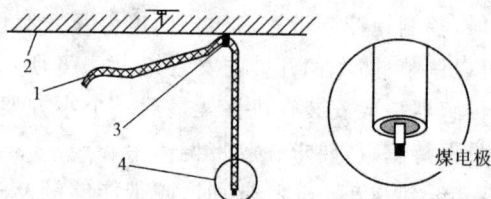

图 5-17　煤电极式堆煤传感器
1——电缆线;2——顶板;3——固定点;4——煤电极

② 偏摆开关式堆煤保护装置

偏摆传感器内有一钢球和延时开关,悬挂的传感器处于垂直状态时,钢球压在延时开关上。当煤位上升使传感器倾斜超过动作角度时,钢球滚开,开关延时动作发出信号,控制箱控制带式输送机断电停机;当煤位下降后,传感器恢复垂直状态,钢球又压住延时开关,使其瞬时复位。

煤位传感器应安装在胶带机头前方,传感器触头末端具体安装位置为(距离错差不大于±50 mm):

① 两条胶带中心线在同一条直线上时,位于胶带落煤点正上方 500 mm 处;

② 其他相交胶带为本部胶带的中心线、下部胶带的中心线和卸载滚筒的轴心平行线立体交叉处(传感器触头末端与卸载滚筒轴心线同高);

③ 位于煤仓上面时,传感器末端位于本部胶带的中心线和卸载滚筒的轴心平行线交叉处;

④ 电极式传感器要接好防漏环,机头有喷雾装置时,严禁将水喷在探头传感器上;

⑤ 正常卸煤时不得碰触探头。

(4) 防撕裂保护装置

防撕裂保护装置是由防撕裂传感器和控制箱构成的。防撕裂传感器通常安装在给煤机前方几米处的上胶带下方。防撕裂保护装置的作用就是当带式输送机发生胶带纵向撕裂事故时,及时控制带式输送机停机,防止事故扩大。

当发生纵向撕裂的胶带经过传感器上方时,胶带上面的煤沿纵向撕裂的缝隙洒落在传感器上,导电橡胶板被压变形,贴靠在电极印制板上,将常开的触点闭合,通过控制箱控制输送带停机。这种防撕裂保护装置的缺点是,当胶带发生纵向撕裂而胶带上无煤时不能起到防止胶带撕裂事故扩大作用。

纵向撕裂传感器安装如图 5-18 所示。

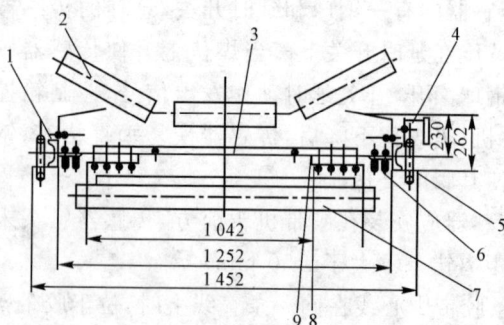

图 5-18　纵向撕裂传感器安装示意

1——槽钢(机体);2——上托辊;3——传感器;4——检测器;

5,6——固定架;7——下托辊;8——电极印制板;9——导电橡胶键

（5）超温、烟雾洒水保护装置

超温、烟雾洒水保护装置能够连续监视输送机温度和烟雾变化情况。当巷道中因输送带摩擦等原因使带式输送机周围温度和烟雾浓度达到设定值时,悬挂在机头、机尾巷道顶部的装置中的报警器发出声光报警,同时烟雾传感器动作,经 3 s 延时后断电停机,洒水灭火。当烟雾解除后,即可恢复正常状态。

超温、烟雾洒水保护装置主要由电控箱、烟雾温度传感器、电磁阀和水路组成,其安装如图 5-19 所示。

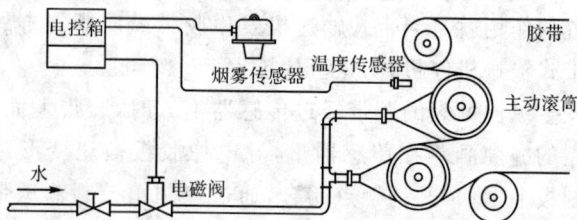

图 5-19　超温、烟雾洒水保护装置安装示意

温度传感器的安装位置如下：

① 温度传感器的探头安放在主动滚筒端面相对的胶带机架上。

② 温度传感器距离主滚筒距离为 10～15 mm。其安装位置如图 5-20 所示。

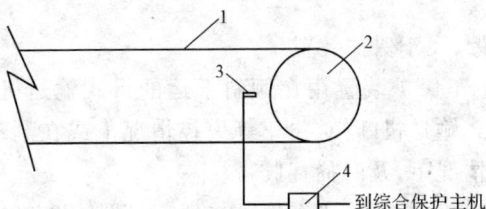

图 5-20　温度传感器安装示意图

1——输送带；2——主动滚筒；3——温度传感器探头；4——温度控制器

按照《煤矿安全监控系统及检测仪器使用管理规范》（AQ 1029—2007），带式输送机滚筒下风侧 10～15 m 处应设置烟雾传感器。因此，烟雾传感器应悬挂在胶带机头上方顶板上，位于传动滚筒下风侧 10～15 m 处，且要求通风良好，不得在冒顶处或者在其他烟雾较难到达的地方。

自动洒水装置安装在井下流动水源与需喷雾洒水的部位上方，进水口通过管道与水源（压力不小于 1 MPa）相连，喷出的水雾要包住整个落煤点。

（6）沿线保护装置

沿线保护装置的作用是防止胶带伤人和其他紧急事故的发生，要求在带式输送机运行的全程范围内任何部位都可以人为停止胶带运转，以及时控制带式输送机事故的发生和发展。只有恢复闭锁后，输送机才能投入正常运行。常用的沿线保护装置有按钮式沿线保护装置和拉线式沿线保护装置两种。

① 按钮式沿线保护装置：每隔 40～50 m 安装一个按钮，并接

入带式输送机控制系统。通常安装在带式输送机巷道靠人行道一侧的碹帮上。

②拉线式沿线保护装置:又称沿线急停开关,是用铁丝和细钢丝绳控制的一个小的行程开关,行程开关接入带式输送机控制系统。这种保护装置通常安装在带式输送机机架靠人行道的一侧。

(7)断带、飞车保护装置

断带、飞车保护装置用在倾斜下运的带式输送机上,其作用是在下运带式输送机断带、飞车等失控情况下或在制动后胶带与滚筒打滑的情况下,及时捕捉胶带。

带式输送机的断带、飞车保护装置由断带、飞车取样传感器、控制装置、抓捕器、电源急停开关、输送机电控、电动机等组成,如图 5-21 所示。

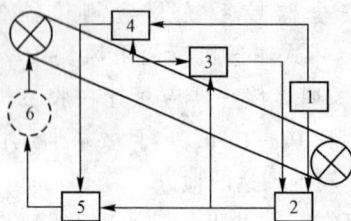

图 5-21　断带、飞车保护装置

1——断带、飞车取样传感器;2——控制装置;3——抓捕器;
4——电源急停开关;5——输送机电控;6——电动机

9. 除铁器

为清除混入原煤中的铁器,保证安全运输,通常在破碎机前或主要大巷中的带式输送机上设置除铁装置。目前常用的除铁装置有:

(1)自动除铁装置:由金属探测器、电磁铁、机械取出装置等部件组成。

（2）带式电磁分离器：一般安装在带式输送机的卸料处，由机架、电磁铁、电动滚筒、改向滚筒及传送带等部件组成。

（3）悬垂式电磁分离装置：一般由金属探测器和电磁铁组成，但当输送的物料层很厚时，可增设滚筒式电磁分离器。悬垂式电磁分离器清除上、中部矿石中的铁件，滚筒式电磁分离器清除下部矿石中的铁件。

二、带式输送机操作规程及技术措施

1. 带式输送机司机操作规程

（1）司机要掌握设备性能，搞好自主保安，对本岗的安全工作负责。

（2）上岗前衣着要整齐，袖口、裤角、衣襟要扎紧，长发须盘在安全帽内。

（3）交接班要交清接明，共同对带式输送机集中控制装置、声光信号、照明情况、电气防爆性能、电缆悬挂及滚筒、减速机、联轴器、胶带接头、托辊、润滑情况、防尘设施、环境卫生等进行检查，对安全保护装置进行试验，并试运转。

（4）坚守工作岗位，开机前，要先发出预告信号，开机时，要先点动后运行，严禁超负荷启动。

（5）运转中，要重点检查以下部位：

① 电动机、减速机、滚筒响声和轴承温度；

② 胶带接口、跑偏、打滑、撕裂及松紧程度；

③ 洒水、喷雾降尘情况；

④ 托辊转动等。

（6）发现下列情况时，必须立即停机、停电、挂牌、加锁，并进行处理：

① 胶带严重跑偏、打滑、撕裂、断带；

② 温度超限、响声异常；

③ 保护失灵；

④ 防逆转或制动装置失灵;

⑤ 底胶带拖地;

⑥ 胶带上有大块煤炭(矸)及其他物料等。

(7) 当设备启动困难,出现速度不匀、突然停运等情况时,要立即停机,查明原因进行处理,不得强行启动。

(8) 禁止使用不合格的液力耦合器、易熔合金塞或防爆塞,禁止用其他物品代替。

(9) 清理、检修滚筒等转动部位前,必须停电、挂牌、加锁。

(10) 要经常保持带式输送机清洁。对带式输送机上的杂物应及时清除,存放在指定地点并及时回收。

2. 带式输送机司机岗位责任制

(1) 坚守工作岗位,严格按操作规程作业,对本岗的安全工作负责。

(2) 认真填写设备运行记录,记录应清晰准确。运行中时刻注意观察设备运行情况,发现异常及时停机并向调度室汇报,处理后方可开机。

(3) 保证达到"三知"、"四会",即:知性能、知结构、知原理,会操作、会维护、会保养、会排除一般故障,严格按操作规程作业,保证设备安全运行。

(4) 掌握设备运转情况,保持设备完好。

(5) 紧固各部位螺栓,调整机头胶带和清扫器,检查张紧绞车。

(6) 清除传动滚筒到机尾部的浮矸、浮煤,保持机头前后10 m 范围内的设备及巷道的清洁。

(7) 发现零部件欠缺、保护失灵、接头断裂或锚固松动等应立即向班组长汇报,及时组织处理。

(8) 保证持证上岗,有权拒绝违章指挥和制止无证人员操作设备。

(9) 认真执行交接班制度。

3. 输送机司机危险源辨识及安全措施

(1) 设备刮伤,措施:与设备保持一定距离。

(2) 零部件飞溅伤人,措施:躲开可能飞溅方向。

(3) 误操作伤人,措施:开胶带前听清信号再点动。

(4) 误送电伤人,措施:严格按照停送电操作程序,坚持"谁停电谁送电"的原则。

(5) 胶带及运转部位卷人,措施:运转部位安装护栏或护罩,扎紧衣袖衣领。

(6) 坠入煤仓伤人,措施:煤仓口安装防护栏。

(7) 处理胶带上大块岩石伤人,措施:先停机,再去处理大块岩石。

(8) 清理传动部位渣时伤人,措施:停机,操作箱上锁再清渣。

(9) 胶带运转时联轴节漏液伤人,措施:躲开正方向,使用合格的易熔塞和防爆片。

三、带式输送机的班检内容与维护检修

1. 带式输送机的质量标准化要求

《煤矿安全质量标准化考核评级办法(试行)》中对带式输送机的质量标准化要求为:

(1) 带式输送机应完好;

(2) 电气保护应齐全可靠;

(3) 带式输送机与电动机应软连接,液力耦合器应使用水(或耐燃液)介质,应使用合格的易熔塞和防爆片;

(4) 应使用阻燃输送带,有防滑、堆煤、防跑偏、温度、烟雾保护,有自动洒水装置;

(5) 机头、机尾应有安全防护设施,行人需跨越处应设过桥;

(6) 机头、机尾固定牢固;

(7) 机头处应有防灭火器材;

(8) 连续运输系统应具有连锁、闭锁控制装置,全线应有通信

和信号装置；

　　(9) 下运带式输送机应有阻尼或制动装置；

　　(10) 带式输送机系统宜采用无人值守集中综合智能控制方式。

　　在使用中通常可按表 5-1 进行检查维护。

表 5-1　　　　　　　　带式输送机完好标准

序号	项目	完好标准
1	托辊	上下托辊齐全、转动灵活，无异常响声、卡阻及缠绕附着物现象，缓冲托辊表面胶层磨损不得超过原厚度的 1/2
2	滚筒	滚筒无裂纹、轴不弯、胶层与滚筒表面紧密接合、无脱层或裂口现象、无附着物，每旬补油一次。电滚筒胶带每旬检查一次，每半年更换一次
3	平行轮	齿面无点蚀、磨损、折断现象，润滑良好
4	联轴节	易熔合金塞、防爆片正常使用，无裂纹、漏油
5	连接筒	无裂纹、螺栓连接紧固可靠，观察孔护盖齐全紧固
6	胶带	胶带无破裂，运行中胶带不打滑、跑偏，胶带宽度不超过上托辊的两头，底胶带不磨机架。每天检查一次 胶带扣牢固平整，骑马钉连续断裂 3 处需重新做扣，机械扣长度不得小于带宽的 95%。每天检查一次 各类保护齐全、完好、动作灵敏可靠，防护设施有效。每班检查一次
7	清扫装置	清扫器的骨架与胶带的摩擦距离不小于 5 mm，并有足够的压力 清扫器必须固定牢固、配重锤正常使用
8	张紧绞车	断丝不超过绳径的 25%，无明显锈蚀，绳卡齐全，钢丝绳符合标准 绞车及导绳轮运转灵活，润滑良好，齐全完好，绞车上必须有防护装置。每季度注油一次，每班检查一次

序号	项目	完好标准
9	减速机	齿面无点蚀、磨损、折断现象,油脂正常,油位合适。每两天检查补充一次,每半年更换一次
		运行平稳、无异响,润滑良好、接合面处无漏油。每天检查,每三天注油一次
		垫铁齐全、规格一致,减速机输出轴要与主滚筒滚轴同心
10	机架	纵梁不得弯曲,与 H 架的连接可靠,涨销两头外露相等不得缺少;无变形锈蚀,磨损不超过原厚度的 2/3,不倾斜
		挡煤板及帮皮固定可靠不撒渣
		螺栓齐全、连接可靠,机架无变形和开焊、地锚牢固、无颤动现象。护栏每季度打开检查一次,每班检查一次
11	转动部位	电动机、减速机和滚筒各轴承的温度不超过 75 ℃
		油不得变质、有杂质,电动机、滚筒各轴承的黄油为轴承盒的 1/2,减速机油量不超过大齿轮直径的 1/3,联轴节内传动介质量不低于容积的 80%
		护栏齐全、牢固、防护可靠
12	电动机	电动机的机壳与端盖无裂纹和变形
		接线盒内电气间隙和爬电距离符合规定,接线腔内无灰尘;接线工艺符合规定,防爆性能符合《煤矿机电防爆细则》的规定
		液力耦合器无漏水,防爆片完好,液面水位合适
		运行中护罩无明显震动,风叶、护罩完好,固定键不松动
13	电控部分	壳体完好不锈蚀,摆放合格,设备管理牌内容齐全规范,整定值和各种保护合格。接地极合格,紧固件齐全、紧固,无锈蚀现象
		吊挂符合要求,表面干净卫生。各种信号齐全、清晰、可靠,电话联络可靠,并上板管理

序号	项目	完好标准
13	电控部分	防滑保护、堆煤保护、防跑偏保护、温度保护、烟雾保护齐全,自动洒水灵敏可靠
14	照明综保	照明综保实验正常,保护灵敏

2. 带式输送机巡回检查制度

(1) 每班交接班人员应首先对设备完好情况、正常位置情况进行检查,在静态完好的情况下进行点动试车。

(2) 班中需要定期或不定期对所运行设备进行全面检查,注意各处温升、声音、接头等是否正常。

(3) 发现问题及时处理,不能处理的要及时汇报给本单位值班领导及调度室。

(4) 检查完毕要及时填写各种记录。

3. 带式输送机的日常维护

带式输送机日常维护的内容主要是:

(1) 检查减速器、联轴器、电动机及所有滚筒轴承的温度是否正常。

(2) 检查传动装置的输送带运行是否正常,有无卡、磨损和跑偏等不正常现象。

(3) 检查清扫器与输送带接触是否符合要求。

(4) 检查液力耦合器保护装置是否齐全,工作液是否合格。

(5) 检查输送带张力大小,必要时进行调整。

(6) 检查储带仓各部,并在停机闭锁时清除黏在结构物与底板上的煤泥、杂物。

(7) 检查张紧绞车各部及牵引钢丝绳的情况。

(8) 检查、更换不合格的上、下托辊。

(9) 检查、处理变形的电缆架。

（10）按规定对输送机各部注油润滑。

（11）检查各类保护是否按规定装设，并正常使用。

四、带式输送机的安装与撤除

1. 安装

首先根据输送机中心线，拉好线绳，作为安装时的对中基准线，确定各部分的安装位置。清理巷道底板，按照图纸要求做出平坑，并打好地基。按照从后到前的顺序将输送机各部件运至要求位置，按照从前到后的顺序安装各部件。

各部件安装均达到要求后，固定地脚螺栓并拧紧各连接螺栓。安装后应保证各托辊与胶带接触良好。各连接螺栓应牢固可靠。

设备安装完成后，应先进行试运转。试运转前应全面检查安装质量，各运转部件应运转灵活。检查各润滑部位是否按规定注油。沿线检查输送机，不得有影响设备运转的任何障碍。检查电气系统。如果有一套备用传动装置时，将备用柱销联轴装置内柱销取出，拔出外齿圈至减速机一侧，以不影响传动滚筒旋转，并将取出的柱销装入要使用的柱销联轴器装置内。先点动电动机，观察传动滚筒运转方向是否正确，然后空载运行，观察各部件是否运转正常。

2. 机头机尾搭接

（1）顺直搭接，即前后搭接的两部设备机身近似在一条直线上。前后滚筒中心线间距（重合距离）：胶带与胶带搭接为300 mm；刮板机搭接胶带为 300 mm；刮板机搭接刮板机为500 mm。顺直搭接标准如图 5-22 所示。

（2）倾角超过 16°的斜巷顺直搭接时，前后滚筒中心线间距为500 mm。

（3）垂直搭接，即前后两机身中心线垂直或斜交。

① 固定胶带搭接、搭接胶带卸载架下需要通过车辆时，卸载

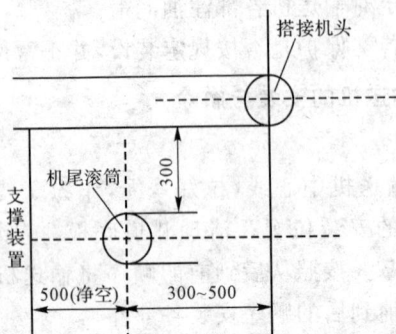

图 5-22　顺直搭接标准

滚筒中心线与被搭接胶带纵梁中心线水平距离保证为 200～400 mm,高度净空为 300～400 mm(可根据需要增加),必须使用金属溜煤槽,落煤点在溜煤槽上,可以减少块煤破碎。如图 5-23 所示。

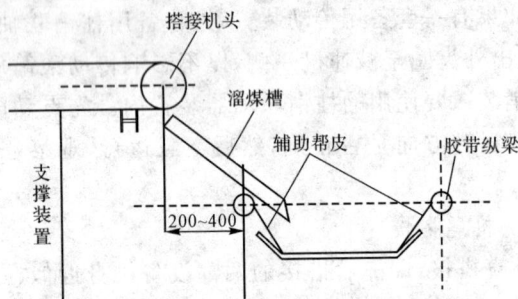

图 5-23　垂直搭接方式(1)

　　② 由于受巷道条件限制,高度不能满足要求或经常有行人通过时,采用搭接胶带卸载滚筒中心线超出被搭接胶带纵梁中心线的方式,落煤点超出胶带时,需要在对面安装帮皮架,起承接、缓冲、二次溜煤作用。溜煤槽采用软溜煤槽。刮板机搭接胶带时,必须采用这种方式,如图 5-24 所示。

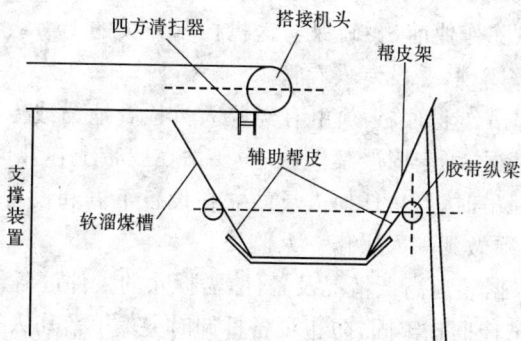

图 5-24　垂直搭接方式(2)

③ 胶带搭接胶带时,卸载滚筒中心线与搭接胶带纵梁中心线对齐,高度净空保证不少于 200 mm,落煤点在胶带中心;溜煤槽采用钢板溜煤槽。受巷道条件限制时可采用软溜煤槽。如图5-25所示。

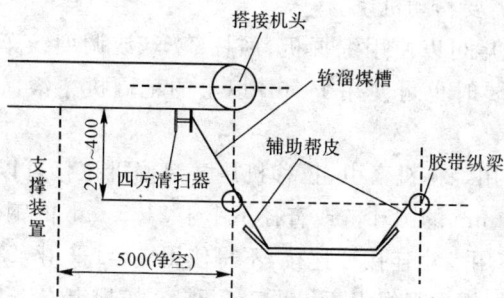

图 5-25　垂直搭接方式(3)

④ 落煤点必须用导料槽控制,导料槽斜度应超过 45°,便于正常溜渣,并装设长度不低于 1.5 m 的缓冲托辊架,安装密度为每 350 mm 一组;同时在被搭接胶带落煤点对称铺设长度不少于2.5 m 的两块辅助帮皮,固定于纵梁上,保证胶带运行时不撒渣。

3. 撤除

(1) 撤除作业前,要确保输送机控制开关的上一级电源已经停电、挂牌、闭锁,并设专人看管。

(2) 起吊作业时,必须由有经验人员检查地锚或专用起吊锚杆的牢固情况,不牢固严禁作业,需要站在胶带上作业时,应有防滑措施。起吊时,严禁任何人员站立在设备下方和设备受力方向范围内,必须做到一人操作一人监护。

(3) 根据巷道高低情况及条件,需拆除的大件设备,拆除前应先用导链吊挂捆扎牢固,防止设备拆卸时突然下落伤人。

(4) 拆卸过程中,人员严禁野蛮操作,防止损坏设备或伤及人员。

(5) 拆除的部件及时装车外运。

4. 移动机尾

带式输送机常常需要根据生产系统的变化情况进行延长或缩短,这时需要移动机尾。

移动机尾可以使用综掘机、回柱绞车(或调度绞车)牵引、拉移机尾,必要时也可使用 P-60B 以上的耙矸机主滚筒钢丝绳牵引、拉移机尾。

(1) 利用综掘机牵引、拉移机尾。综掘机拉移可以使用不低于 $\phi 18 \times 64$ mm 的圆环链或直径不小于 21.5 mm 的钢丝绳牵引。圆环链应使用专用连接环连接,不得使用螺栓;采用 $\phi 21.5$ mm 钢丝绳牵引时,钢丝绳绳卡不得少于 3 副,并按规定方法卡紧。

(2) 利用绞车牵引、拉移机尾。绞车拉移必须使用 40 kW 以上调度绞车或 18.5 kW 以上的慢速绞车,要求钢丝绳直径不得小于 18 mm,连接索具卸扣不得小于 5 t 额定负荷。采用绞车或耙渣机拉移机尾时,必须提前拆除机尾架上的附属装置(如接料斗、槽等),胶带与机尾分别拉移。

(3) 炮掘工作面平巷可使用 P-60B 以上的耙矸机主滚筒钢丝

绳牵引、拉移机尾。

（4）拉移前应提前清理巷道底板，确认无淤泥积水、帮顶支护完好。

（5）拉移前应拉空胶带，点动张紧绞车，使胶带处于松弛状态，然后将带式输送机的开关停电、闭锁、挂牌，并设专人看管。

（6）如需缩短胶带，则应根据需要缩短的长度，拆除 H 架、纵梁、托辊，清除巷道底板杂物，防止移动机尾受阻。对于固定式胶带输送机，移动前先将上胶带穿条抽掉，如为下山运输，应提前将胶带用夹板等固定牢靠，防止抽穿条后下滑。

（7）移动机尾过程中应有专人指挥，人员应全部在能防止钢丝绳回弹的安全区域内进行操作。机尾拉移过程中出现拉力增大或拉不动时，必须立即停机，将牵引绳（链）松弛并停机闭锁，排除卡阻原因，不得强行拉移。

（8）机尾移动到位后，应打两根以上专用地锚并用矿用圆环链或直径不小于 18 mm 的钢丝绳将其锁牢，严禁将机尾用钢丝绳、圆环链固定在帮部支护锚杆、支架棚腿或耙矸机上。

（9）按顺序调整 H 架、纵梁、托辊，连接胶带。打开开关送电，点动张紧绞车紧带，待胶带紧好后立即停止，以防拉跑胶带机尾。

（10）机尾拉移到位后方可调整机尾架的歪斜与胶带跑偏，严禁边拉边调；如确需调整，须松绳（链），并在停电闭锁后进行处理。调整试运转胶带机时，可在机头固定折返装置中部及机尾处各设一名人员观察和调试。发出开机信号待机尾回铃后，先点动胶带机，点动 3～5 次，每次点动距离为 5 m 左右，点动检查胶带折返装置，储带仓内胶带无跑偏现象后，再开动胶带不得少于整条胶带两周的调试。

（11）严禁使用手拉葫芦进行机尾拉移或固定机尾，机尾到位后可用手拉葫芦进行机尾偏斜的调整。

5. 安装、检修和维护时的注意事项

（1）带式输送机驱动装置、液力耦合器、传动滚筒、尾部滚筒等转动部位要设置保护罩和保护栏杆，防止发生绞人事故。

（2）工作人员衣着要整齐，袖口、衣襟要扎紧。

（3）在带式输送机运行中，禁止用铁锹和其他工具刮胶带上的煤泥或用工具拨正跑偏的胶带，以免发生人身事故。

（4）输送机停运后，必须切断电源。不切断电源，不准检修。挂"有人工作、禁止送电"标志牌时，任何人不准送电开机。

（5）在更换胶带和做胶带接头时，确需点动开车并用人力拉动胶带时，严禁直接用手拉或用脚蹬踩胶带。

（6）在对接胶带做接头时，必须远离机头转动装置 5 m 以外，并派专人停机、停电、挂停电牌后，方可作业。

（7）在清扫滚筒上粘煤时，必须先停机，后清理。严禁边运行边清理。

（8）在检修输送机时，应制订专门措施，在实施中，工作人员严禁站在机头、尾架、传动滚筒及胶带等运转部位上方工作。

五、带式输送机的常见故障与事故处理

带式输送机运行中出现的故障和处理方法如表 5-2 所列。

表 5-2　　　　　带式输送机常见故障和处理方法

故障现象	原因	处理方法
胶带跑偏，运行后不久带边磨损	机架和滚筒水平未校正，物料偏载、托辊不正	重新校正位置，改进物料承载及卸载位置，清除表面煤泥
胶带打滑，不运行	滚筒与胶带间摩擦因数减小、拉紧力小、承载量大于设计能力	提高摩擦因数，张紧胶带，减轻载重量
胶带上下层胶非正常磨损，覆盖胶磨损	胶带严重跑偏，覆盖胶强度低	更换或修补胶带

故障现象	原因	处理方法
运行中托辊不转或转动不灵活	托辊质量不好或超期服役,密封不好进入煤泥等杂质或轴承缺油	加强托辊维护,保持清洁,及时注油
无法启动,熔断保险丝或保护动作	过负荷	减少上煤量
胶带接头处拉断	胶带接头老化或承载量太大拉力超限	重做接头,减小上煤量

第二节　刮板输送机

一、发展概况及适用范围

刮板输送机俗称溜子,它主要用于倾斜采煤工作面中运输煤炭,也可用作采区巷道与上下山、辅助巷道、联络眼、中间平巷以及掘进工作面的运输设备。

刮板输送机可用于水平运输,也可用于倾斜运输。沿倾斜向上运输时,煤层倾角不得超过 25°;向下运输时,倾角不得超过 20°。若倾角较大,应采取防滑措施。

随着采煤工作面生产能力的不断提高,刮板输送机朝着短机头、大功率、高强度溜槽、单链、高速链等方向发展。

二、刮板输送机的组成及工作原理

1. 组成

国内外使用的刮板输送机的类型很多,其组成部件的形式和布置方式不尽相同,但其主要结构和基本组成部件是相同的。以 SGW-150C 型刮板输送机为例,它由机头(包括机头架、传动装置和链轮组件等)、溜槽(分别为中间标准溜槽、调节溜槽和链接溜槽)、挡煤板和铲煤板、刮板链及机尾组成。此外,还安装有可供移动输送机用的液压推移装置。

2. 原理

刮板输送机的工作原理是:启动电动机后,经液力耦合器、减速器、主动链轮而驱动刮板链,使一条无极刮板链连续在上、下溜槽里进行循环转动,将装在溜槽上的物品不断地送到工作面运输巷。

3. 特点

刮板输送机的优点:运输能力不受货载的块度和湿度的影响;机身低,便于装载;机身伸长或缩短方便;容易移置;机身坚固耐用;适应性强,既能用于炮采工作面,又可与采煤机、单体液压支柱或自移式液压支架组成普采或综采工作面设备。但它也存在一定的缺点:工作阻力大,耗电量大,溜槽磨损严重,使用和维修不当时容易断链,运输距离也受到一定的限制。

三、刮板输送机的主要类型

按溜槽的布置方式和结构不同,刮板输送机可分为并列式和重叠式,而重叠式又分为敞底式和封底式两种。按链条数目及布置方式不同,可分为单链、双边链、对中心链和三链四种刮板输送机。

四、刮板输送机的操作

刮板输送机司机必须由经过培训,熟悉和掌握所使用的刮板输送机的性能、结构、工作原理,了解操作规程及维护保养制度,并经考试合格持有司机操作资格证的人员担任。

1. 刮板输送机司机操作规程

(1) 准备工作

① 认真检查传动装置中各部螺栓是否齐全、牢固。

② 检查通讯信号系统是否畅通,操作按钮是否灵敏可靠。

③ 检查减速器油量是否符合规定,检查联轴节及减速器有无渗漏现象。

④ 无问题后点动输送机,试运转一周,细听各部声音是否正

常。检查所有链条、刮板连接螺栓有无丢失、松动和弯曲过大等现象。

⑤ 检查备用物品、备件是否齐全。

⑥ 检查文明生产情况。

(2)运行中注意的事项

① 听清信号,信号不清不准操作。

② 经常注意电动机、减速器的运转声音,如发现异常声响,应立即停机检查,处理后方准重新启动。

③ 经常观察链条、连接环、托叉、护板等的状态,发现问题及时处理。

④ 联轴节的易熔塞不准使用其他的材料代替。

⑤ 利用输送机运送大件时,必须按安全技术措施执行,严禁损坏设备,避免伤人。

(3)停机后的工作

① 应把刮板输送机中的煤、货输送完毕再停机。

② 清理机头、机尾各部位,不得埋压电动机、减速器,保持良好的文明生产环境。

③ 认真填写工作日志,把当班输送机的运转情况向接班人交代清楚。

2. 刮板输送机司机岗位责任制

(1)熟悉刮板输送机的技术特征、安全规程、操作规程,经培训考试合格后,持证上岗操作。

(2)开工前检查好本岗位地点的安全情况,按操作规程的要求检查刮板输送机的各部件。

(3)开机前要点动1～2次后再正常启动,防止刮板链内有人被拉倒或有卡链的地方发生断链事故。

(4)在工作中司机要精力集中,时刻注意信号及前部输送机的运转情况,及时开停输送机。

(5)对机头、机尾的压柱和地锚进行检查,确保固定牢固。

（6）对输送机其他各部件进行检查。

3. 刮板输送机的完好标准(表 5-3)

表 5-3　　　　　　　　　刮板输送机的完好标准

序号	项目	点检内容	点检标准
1	刮板链	刮板、链条、链环	链环伸长变形不得超过设计长度的 3%，链环直径磨损不得大于 3 mm(链环直径的 15%)；刮板和链条连接用的螺栓、螺母型号、规格必须一致；链条张紧程度适中，无"拧麻花"现象；刮板不跑斜(跑斜不超过一个链环长度为合格)，弯曲变形不大于 5 mm，弯曲变形数不超过总数的 3%，缺少数不超过总数的 2%，并不得连续出现
2	链条保持件	链轮、舌板、分链器	链轮齿面应无裂纹或严重磨损，链轮承托水平圆环链的平面的最大磨损：节距小于等于 64 mm 时，不得超过 5 mm
3	机头及机尾	机头、机尾架	机头、机尾、过渡槽无开焊；机头轴、机尾轴转动灵活，不得有卡碰现象，采煤队每旬打开注油一次，开掘队每半月打开注油一次
		安装、磨损情况	机架两侧对中板的垂直度允许误差不得大于 2 mm；机头架、机尾架与过渡槽的连接要严密，上下左右交错不得大于 3 mm
4	溜槽	中板、槽帮、焊缝	变形不超标，溜槽及连接件无开焊断裂，与过渡槽的连接上下左右错差不超标，槽帮上下边缘宽度磨损不超标，中板无漏洞
5	紧链机构	上链器、紧链器、张紧情况	部件齐全、完整，操作灵活、可靠，运行时，链轮下链下垂度不大于 2 个链环
6	中间件	挡煤板、齿条、导向筒	无开焊，连接可靠，连接插销可靠，不变形，齿条磨损不超限，接口不磨透，销子合格齐全

序号	项目	点检内容	点检标准
7	联轴节	联轴节运转情况	外壳及泵轮无变形、损伤或断裂,易熔塞防爆片完整,无淤积,胶套完好
8	减速机	外观及运行齿轮润滑运转	齿轮无断齿,齿面无裂纹或剥落,轴无裂纹、损伤或严重锈蚀,运行平稳无异响,油质清洁,油量适当,注油量不低于最大齿轮下齿面的 1/3,每周补充一次,每季度更换一次。顺轴每 2 天补充一次,采煤队盲轴每旬打开一次,开掘队盲轴每半月打开一次
9	润滑	润滑油	减速器、联轴节、链轮及盲轴油量符合要求,油脂无变质
10	传动装置	各传动轴	无明显磨损,运转灵活,轴承润滑良好
11	控制开关	外观防护	无积尘,无明显变形、锈蚀,无淋水,附件齐全且正常使用,挂牌管理、内容填写规范
		防爆管理	接合面间隙不超过规定,防爆面、各接线装置符合防爆要求,接线工艺符合要求
		保护整定	各整定值合理,过流整定内外一致,各保护齐全可靠,每日进行一次漏电试验且正常可靠
		绝缘情况	绝缘性能可靠,绝缘值符合规定(含电机、电缆)
		接地装置	各接地装置符合要求,连接良好,正常使用(含电机)
12	电动机	外观情况、绝缘情况、	紧固件齐全完好,风叶、防护罩齐全完好,运行平稳无异常声响,温度不超过 75 ℃,无失爆现象,有注油孔的电动机轴承每季度注油一次,井下无法注油的每年升井注油一次,绝缘值不低于 5 MΩ

五、刮板输送机的操作注意事项

1. 操作注意事项

（1）启动前必须发出信号，向工作人员示警，然后陆续启动，如果转动方向正确，又无其他异常情况，方可正式启动运转。

（2）防止重载启动。一般情况下都要先启动刮板输送机，然后再往输送机的溜槽里装煤。机械化采煤工作面，同样先启动刮板输送机，然后开动采煤机。

（3）在进行爆破作业时，必须把整个设备特别是管线保护好。

（4）不要向溜槽里装入大块煤或矸石，如果发现应立即处理，以防损坏刮板链或引起采煤机掉道等事故。

（5）一般情况下不准刮板输送机运送支柱和木料等物。必须运输时，要制定防止顶人、顶机组和顶倒支柱的安全措施，并通知司机。

（6）启动程序一定是由外向里（由放煤眼到工作面）、沿逆煤流方向依次启动。

（7）刮板输送机停止运转时，要先停止采煤机，炮采时不要向输送机里装煤。

（8）工作面停止出煤时，应将溜槽里的煤拉干净，然后由里向外沿顺煤流方向依次停止运转。

（9）运转时要开启喷雾装置进行洒水降尘，停机时要停水。无煤时不得长时间空运转。

（10）运转时发现断链、刮板严重变形、机头掉链、出现异常声响和有关部位油温过高等现象，都应立即停机进行检查处理，防患于未然。

（11）工作面输送机的卸载与巷道转载机的机尾装煤部分，二者垂直位置要配合适当，不能使煤粉、大块煤堆积在链轮附近，以免被回空链带入溜槽底部。应经常保持机头、机尾的清洁。

（12）在投入运转的最初两周中，要特别注意刮板的松紧程度。

刮板输送机使用经验可概括为 4 个字,即"平、直、弯、链"。所谓平,即输送机铺得平;直,工作面呈直线;弯,输送机缓慢弯曲,避免急弯;链,链条装配正确,松紧程度适当,不能过松或过紧。

2. 刮板输送机的润滑

注油润滑是刮板输送机维护工作的最重要一环,因此对各传动部位上的润滑点应及时注入规定的润滑油。在注油时应特别注意防止煤粉、杂物等进入减速器等部件内。

液力耦合器的轴承是靠其中的工作油来进行润滑的。

六、刮板输送机伤人事故的原因及预防

1. 刮板输送机伤人事故的原因

(1)人被转动部位绞伤。转动部位未装设保护罩、机尾未装设保护盖板,人员麻痹大意,不注意安全,或靠近转动部位时违章作业而被转动部位绞伤。

(2)用刮板输送机运送材料,由于放料和取料的操作方式不当,人被挤在木料和支架、煤壁之间,造成挤伤或撞伤。

(3)人员违章、乘坐刮板输送机或在溜槽里行走,当刮板链因某种原因卡住,致使机头或机尾向上翘起,带动刮板链突然向上跳动,会将溜槽里行走或乘坐的人员打伤,或者是行走时自己滑倒被拉伤。

(4)在刮板输送机停止运转时,司机擅自启动输送机,会使在溜槽里行走和逗留的人员摔倒,被拉入采煤机或搭接的机头架下,造成人员伤亡事故。

2. 刮板输送机伤人事故的预防措施

(1)凡转动或转动部分应按规定设置保护罩或保护栏杆,机尾应当设盖板,需要横越输送机的行人处必须设置过桥。

(2)不准在输送机溜槽内行走,更不准乘坐刮板输送机。

（3）严格执行"处理故障、停机检修"的制度。停机后开关处要挂上"有人作业、禁止开机"牌，并与采煤机闭锁。严禁在运行中清扫刮板输送机。在处理飘链时，不准用脚蹬刮板链。

（4）对于刮板输送机，必须沿输送机安设能发出停止或启动的信号装置，发出信号点的间距不得超过 15 m。

（5）推移刮板输送机的液压装置必须完整可靠。推移刮板输送机时，必须有防止冒顶或片帮伤人、损坏设备及挤伤人员的安全措施。刮板输送机机头、机尾必须打牢锚固柱。

（6）刮板输送机两侧电缆要按规定认真吊挂，特别是随工作面移动的电缆要管理好，防止落入溜槽内被刮坏或拉断而造成事故。

（7）必须有维护保养制度，保证设备性能完好。

（8）刮板输送机机头、机尾面积较大，必须按作业规程进行支护，移动机头、机尾时需要回撤的支柱不要回撤得过早，并且移过后立即补上该支柱。在使用推移千斤顶推移机头、机尾时要缓慢地操作前进，不得挤倒煤壁侧的支柱，以防止发生冒顶伤人事故。

七、刮板输送机的维护与保养

刮板输送机的定期维护与保养工作是延长机器使用寿命、保证刮板输送机安全运转的主要手段。检修可分为日检、周检、季检、半年检、大修等几类。

1. 日检

（1）检查减速器的声音是否正常，检查振动、发热和油位情况。要勤检查电动机、减速器、各轴承的温度，防止过热。

（2）检查减速器和液力耦合器是否漏油，按规定往各润滑部位注入润滑油脂。

（3）检查刮板链的张紧程度，有无"拧麻花"现象，链环和连接环有无损坏,刮板有无弯曲和损坏。

(4)检查溜槽的磨损、变形和连接情况。挡煤板和铲煤板有无变形、磨损,连接是否紧固。

(5)检查各部件的连接情况,有无松动和丢损。

2.周检

除包括日检内容外,还应检查以下内容:

(1)减速器的油质是否良好,润滑状况及齿轮啮合状况,以及液力耦合器和减速器等连接螺栓的紧固情况。查看机头架和机尾架有无损坏、歪斜。

(2)用安培表检查液力耦合器启动是否平稳,各台电动机负荷分配是否均衡,必要时可调整注油量。

(3)测量电动机绝缘,检查开关接头及防爆面的情况。

(4)检查拨链器、压板链的磨损情况,保证其正常工作。

3.季检或半年检

每季度应对橡胶联轴器、液力耦合器、过度溜槽、链轮和拨链器进行轮换检修一次(拨链器可视磨损情况而定),每半年应对电动机和减速器进行一次全面的检修。

4.大修

当采完一个工作面后,应将整套设备升井进行全面检修。

5.刮板输送机的润滑

注油是刮板输送机维护工作的重要一环,因此对各传动部位上的各润滑点应及时注入规定的润滑油。在注入润滑油时要特别注意防止煤粉、杂物等进入减速器等部件内。液力耦合器的轴承是靠其中的润滑油来进行润滑的,工作油是22号汽轮机油。刮板输送机各部位使用的润滑油要按规定注入。

6.刮板输送机的检修

刮板输送机常见故障及处理方法如表5-4所列。

表 5-4 　　　　　　　**刮板输送机常见故障及处理方法**

故障现象	产生的原因	处理方法
电动机 启动不起来	1. 负荷过大； 2. 电气线路损坏	1. 减轻负荷，将上槽煤去掉一部分； 2. 检查线路，更换损坏零件
电动机发热	1. 超负荷工作时间长； 2. 通风散热条件不好	1. 减轻负荷，缩短超负荷工作时间； 2. 消除电动机周围浮煤和杂物
电动机 声音不正常	1. 单相运转； 2. 接线头不牢	1. 检查处理； 2. 接牢
液力耦合器打滑	1. 液力耦合器的油量不足； 2. 溜槽内堆煤过多； 3. 刮板链被卡住	1. 补充油量； 2. 将溜槽内的煤去掉一部分； 3. 检查处理
一个液力耦合器温度过高	1. 两个液力耦合器的油量不相等； 2. 联轴器罩内被卡住或涡轮被卡住	1. 调整油量； 2. 清除杂物
液力耦合器漏油	1. 注油塞或易熔合金保护塞松动； 2. 密封圈及垫圈损坏	1. 拧紧； 2. 更换
液力耦合器打滑，温度超过 120～140 ℃，但易熔合金不熔化	易熔合金配方不对	消除打滑原因，更换合格的易熔合金保护塞
减速器 声音不正常	1. 齿轮啮合不好； 2. 轴承或齿轮磨损或损坏； 3. 减速器的润滑油有金属杂物； 4. 轴承窜量大	1. 重新调整； 2. 修理或更换； 3. 清理杂物； 4. 调整轴承的轴向间隙

续表 5-4

故障现象	产生的原因	处理方法
减速器温升过高	1. 润滑油不合格； 2. 润滑油过多或过少； 3. 冷却散热不好	1. 更换合格的润滑油； 2. 放出或补充润滑油； 3. 清除减速器周围的煤粉和杂物
减速器漏油	1. 密封圈损坏； 2. 减速箱体接合面不严，各轴承盖螺钉松动	1. 更换； 2. 拧紧螺钉
盲轴轴承温度过高	1. 密封圈损坏，油不干净； 2. 轴承损坏； 3. 油量不足	1. 更换； 2. 更换； 3. 补油
刮板链在链轮处跳牙	1. 连接环安装不正确或圆环链拧麻花； 2. 链轮轮齿磨损严重； 3. 刮板链过松	1. 重新调整； 2. 更换； 3. 重新拧紧
链子卡在链轮上	拨链器松动,损坏或脱落	1. 拧紧螺栓； 2. 更换拨链器
刮板链掉道	1. 刮板链过松； 2. 刮板弯曲严重； 3. 工作面不直，两条链子因受力不均而使刮板倾斜； 4. 机身过度弯曲	1. 重新紧链； 2. 更换； 3. 修直工作面,检查修理刮板链； 4. 一次推移距离不要过大,不要有急弯
刮板链过度振动	1. 刮板链运行中受到刮卡； 2. 溜槽脱开或连接不平	1. 检查处理； 2. 接好溜槽/调平接口

第三节 转 载 机

一、工作原理

转载机是机械化采煤运输系统中普遍采用的一种中间转载

设备,实际上是一种纵向弯曲、长度较小的重型刮板输送机,此设备呈桥型,故称为桥式转载机。它布置在采煤工作面的运输巷里,把采煤工作面刮板输送机运出的煤炭转运到运输巷的可伸缩带式输送机上,随着工作面的推进和带式输送机的伸缩而整体移动。

二、转载机的结构

转载机主要由机头部、机尾部和机身部等组成。机头部搭接在可伸缩带式输送机机尾两侧的轨道上,并沿此轨道整体移动,机尾部和机身部的水平装载段沿巷道底板滑行。

1. 机头部

机头部是动力部分,它由导料槽、机头传动装置、链轮、机头架和盲轴组件等部分组成。机头传动装置由电动机、液力耦合器及减速机组成。盲轴组件用螺栓固定在机头架另一侧的侧板上,机头架架在机头小车上。

2. 机身部

机身部是由刮板链、溜槽和桥部结构组成。在桥部结构的转折处安装有凹形溜槽和凸形溜槽,以使刮板链能平稳过渡,减少运行阻力和磨损。

3. 机尾部

机尾部由机尾架、机尾轴和压板链等组成。

三、转载机的操作

1. 转载机的移动

(1)转载机在采煤工作面巷道中使用时,可按照采煤工艺进行整体移动,当采空区运输巷道进行沿空留巷时,在工作面推进5 m的过程中,不必移动转载机;当采空区运输巷随采煤工作面而回撤时,则转载机应与工作面输送机同步前进。

(2)转载机在采煤工作面平巷中使用时,其移动方法可以由绞车牵引、液压支架的水平油缸和专设推移油缸推移。专设推移油缸放置在平巷的适当地方,推移油缸活塞与转载机连接,另一端与固定在顶底板间的锚固座相连。操纵推移油缸能够实现转载机的整体移动。

(3)转载机在掘进巷道中使用时,可用绞车牵引移动,也可由掘进机牵引移动。当转载机机头行走小车及传动装置移动到带式输送机机尾末端时,需接长带式输送机后,转载机才能继续移动。

2.转载机的安全使用

(1)桥式转载机与破碎机、刮板输送机配套使用时,必须按照破碎机、转载机、刮板输送机的顺序依次启动。停车时应按相反顺序进行操作。为了利于转载机的启动,应首先使刮板输送机停车,待卸空转载机溜槽上的物料后,再使转载机停车。

(2)当转载机溜槽内存有物料时,无特殊原因不得反转。

(3)减速器、链轮轴组、联轴节和电动机等传动装置处必须保持清洁,以防止过热,否则会引起轴承、齿轮和电动机等部件的损坏。

(4)链条的松紧程度必须合适。

(5)机尾与工作面刮板输送机的搭接位置应保持正确。因破碎机机尾卸载处与刮板输送机机头机械铰接在一起,拉移时必须保证输送机过渡段推移同步或超前转载机拉移,否则会造成事故。拉移转载机时,保证行走部在输送机的导轨上顺利移动,若歪斜则必须及时进行调整。

(6)每次锚固时锚固柱柱窝必须选择在顶底板坚固处,锚固必须牢固可靠。转载机严禁运送物料。

四、转载机的操作注意事项

1.转载机司机岗位责任制

(1)司机必须熟悉所操作的转载机的技术特征及安全规程、

操作规程及作业规程。

（2）检查工作地点周围的顶板、煤帮、支护及其他安全情况。

（3）按规定检查转载机。

（4）开车时精力要集中，注意启动、停止信号及前部带式输送机的运转情况，及时开停装载机。

（5）注意转载机运煤情况，发现漏煤要及时处理。

（6）发现转载机有异常声响及事故时要及时停机处理。

（7）清理带式输送机机尾和滚筒处的煤粉。

（8）准备好零部件及其他易消耗品。

（9）配合检修人员工作。

（10）填好工作日志。

2. 转载机的操作注意事项

（1）转载机司机必须与工作面刮板输送机司机和运输巷带式输送机司机密切合作，按顺序开机和停机。

（2）开机前必须发出信号，确定其他人员无危险后方可开机。

（3）转载机的机尾保护装置失效时，必须立即停机。

（4）检修、处理转载机故障时，必须切断电源，闭锁控制开关，挂上停电牌。

（5）转载机联轴节的易熔合金塞损坏时，必须立即更换，严禁用其他的材料代替。

（6）移动装载机前要清理好机尾机身两侧及过桥下的浮煤、浮矸，保护好电缆、水管、油管并将其吊挂整齐，要检查巷道支护并在确保安全的情况下移动转载机。

（7）移动转载机时要保持行走小车与带式输送机机尾架接触良好，不跑偏。移设后，转载机头、机尾保持平、直、稳。

3. 转载机的维护与保养

（1）转载机的运转维护

① 保持转载机及其他设备、管线路的整洁完好，以便运转、维

修和移动。

②　经常检查刮板链的张紧程度,发现松弛时应立即调整。

③　经常检查链轮和刮板链的紧固情况,应及时拧紧松动的螺栓,有损坏和变形的,应及时修理和更换。

④　经常检查悬拱部分和爬坡段有无异常现象,溜槽两侧挡板和封底板的连接螺栓是否松动,如发现异常情况应立即处理。

⑤　经常检查机头小车、导料槽的移动是否灵活可靠,带式输送机机尾两侧的轨道是否稳妥,严防机头小车和导料槽发生卡碰和掉道。

⑥　用钢丝绳牵引移动转载机时,应使作用力对中,不准把钢丝绳挂钩挂在机头小车的横梁上,一定要挂在两侧板上的孔内。

⑦　转载机的水平段应与工作面刮板输送机的卸载位置配合适当,保证煤炭能准确地装入转载机的水平转载段内,以防抛洒堆积。

⑧　停机前要将溜槽中的煤运完,以避免下次满载启动。

⑨　经常检查机头部和机尾部的运转情况,并按规定注油。

(2)　转载机的检修

①　检修转载机时的注意事项

a. 在连接刮板链时,使刮板链的连接螺栓应朝运行方向,以增加连接的牢固性。

b. 链条不许有拧麻花的现象,刮板链在上槽时,连接环的凸起部分应向上,立链环的焊口应朝向溜槽中心线,以减少链环的磨损,延长使用寿命。

②　转载机的班检和日检

班检的内容如下:

a. 目测检查溜槽、拨链器、护板等有无损坏。检查挡板的连接螺栓,如有松动必须拧紧,如有折断必须更换,保证连接可靠。

b. 目测检查刮板链、刮板、连接环是否损坏,任何弯曲的刮板都必须更换。

c. 目测电动机供电电缆有无损坏;检查连接罩内部及通风格内有无异物,有异物时要清理,并保持良好的通风。

d. 检查接地保护是否可靠。

日检的内容如下:

a. 重复班检的内容。

b. 检查减速器。

c. 运行时目测检查刮板链张力,如果机头下面链条下垂 2 个环,必须重新张紧刮板链。

d. 检查刮板链是否能顺利通过链轮,拨链器的功能是否良好。

e. 检查链轮轴组是否过热。

f. 目测检查减速器有无漏油现象。

第四节　斗式提升机

斗式提升机是一种重要的煤炭运输设备,在煤矿适用于大倾角或垂直提升输送物料,在洗煤厂还兼有输送和脱水两种功能。

一、斗式提升机的分类

斗式提升机就其结构和适用范围可分为两种类型。一类是单一运输物料的提升机,或称之为非脱水斗式提升机。它主要用于选煤厂的原煤准备车间提升物料。另一类是既运输又脱水的提升机,也称为脱水斗式提升机。它主要与跳汰机或斗子捞坑配合使用,提运选后产品,并进行脱水。

二、斗式提升机的安装要求

非脱水斗式提升机斗链提升速度一般在 0.4 m/s 左右,安装倾角可以在 80°以上,如果倾角过小,则杓斗内物料不易卸空。

三、斗式提升机的操作要求

（1）开车前认真做好各项检查工作，检查各部位螺栓有无松动，检查减速器、各轴轴瓦及传动链条的润滑情况，先加油后开车。

（2）检查一切正常后，听清信号才可开机。经试运转，检查注油器工作情况、棘轮防倒装置是否可靠，检查斗链及传动链条松紧程度、杓斗紧固情况，确认带负荷运转无问题时方可通知给料。

（3）停车前必须先停止向杓斗给料，待斗式提升机内物料排净后方可停机。一般情况下，脱水式斗式提升机不准带负荷停车。斗式提升机停机一段时间后再次启动以捞净沉淀煤泥。

（4）运转过程中，操作人员应站在一侧观察斗式提升机有无刮帮、卡位、堵塞及超负荷运转，并注意链板的运行情况，当发现链板轴有脱销时应立即汇报，停车处理。

（5）运行中要经常注意倾听电机、减速器及斗式提升机各部位声响是否异常，发现问题及时汇报处理。

（6）运行中严禁人或工具触及转动部件。停机时，严禁继续给料。

（7）每班需对链板、小轴、杓斗检查一次，定期对斗式提升机各部位进行检修。

四、斗式提升机的一般故障处理

（1）斗式提升机杓斗被压住或卡住时，必须立即停机处理。处理时，杓斗正面不得站人，以防物料坠落及斗链脱链伤人。

（2）斗式提升机保险销切断时，应立即停止给料，并停机处理更换。

（3）斗式提升机链板断裂时，应及时停机更换，杓斗两侧链板应同时更换。

五、斗式提升机的维护与保养

（1）斗式提升机的日常维护非常重要，是正常运转的保证。斗式提升机在运转过程中，操作人员和检修人员必须严格执行操作规程和检修规程，以保证设备正常运转，并注意以下几点：开车前要认真做好各项检查工作，检查各部位螺栓有无松动，检查减速器、各轴轴瓦及传动链条的润滑情况，先加油后开车。

（2）每班必须逐个检查各连接板、销轴与杓斗连接情况，如出现窜轴、脱链时，应立即停机处理。

（3）当杓斗和链板出现严重变形和弯曲时，应及时更换。在更换时，可先打开机尾箱体盖板或检查孔，把需要更换的斗链通过电动机运到机尾，松落拉紧装置，然后卸掉与杓斗连接的螺栓和链板，取下已变形的斗链，再换上新的。

（4）每周定班清理机尾箱体内堆积的物料与杂物，以防挤坏杓斗。

（5）当超负荷运转或卡斗等原因切断保险销时，应按要求更换新的保险销，不能用螺栓代替使用，其材质和加工要求均要符合规定，在安装保险销时，两保险销套平面间隙一般应在 0.2～0.5 mm 之间，如果间隙过大易切断保险销。

（6）杓斗的链条在使用一段时间后，便会产生不同程度的磨损。当链条过松造成杓斗刮底时，或链条绕过机头轮两侧间隙不一致时，均应通过拉紧装置进行不定期的调整，以保持设备在良好的状态下运行。如果链条过松，当其绕过机头轮时会打滑跳槽，同时也会刮坏杓斗。

（7）当斗链使用一段时间后，其销轴和链板孔径磨损超过设备完好标准的规定时，应全部更换。

六、斗式提升机的检修

斗式提升机的检修内容主要是斗链、链条和保险销的更换。

1. 非脱水式斗式提升机的更换

（1）开机尾箱体的前后盖板。用锤击出尾部链条销轴，并使之脱开。

（2）从斗式提升机箱体前面把新杓斗的链条通过销轴与旧斗链条连接。箱体后面的旧斗链用粗麻绳拴住最后一节斗链，以人力往后拉牵。

（3）正转启动电动机，新斗链沿轨道上引，旧斗链用氧炔燃割断后运走。然后，再以上述方式连接第二节段新斗链。直到把旧斗链全部拆完，新斗链的最后一个杓斗放在回空段机尾部为止。

（4）通过销轴汇合机尾前后杓斗的链条，再填空杓斗，调紧斗链，合上箱体各节段盖板，斗链的更换工作结束。

2. 斗式提升机检修应注意的安全问题

（1）斗式提升机检修时必须严格执行"停电挂牌"制度，必要时须设专人监护或给断电装置加锁。人员进入机壳工作时，上下必须有完善的联系电铃及信号设备，工作时有专人负责安全监督。

（2）机壳内进行电焊时下面禁止有人工作。检修完毕后应清理工作现场，清点工作人员及工具，不得将杂物及工具遗留在设备内，经检查确认无误后方可通知有关部门送电试车。

（3）斗式提升机杓斗被压住或卡住时，必须立即停车处理。处理时，杓斗下面不得站人，以防物料坠落及斗链脱链。

（4）发生保险销切断事故时，应立即停车处理，并向上级汇报。

（5）发现链板断裂时应及时停机更换，杓斗两侧链板应同时更换。

第三部分　输送机司机中级工专业知识和技能要求

第六章 输送机运输系统识图

第一节 带式输送机

一、带式输送机机头部分

DTL100/45/2×75S 的机头部分装配如图 6-1 所示。

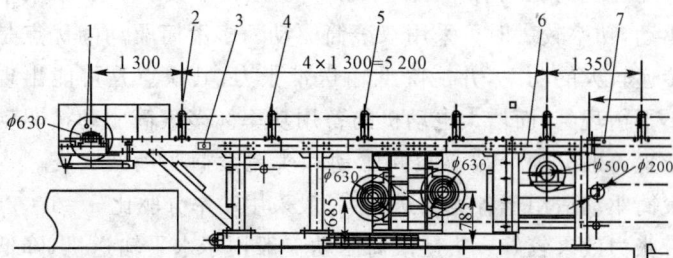

图 6-1 DTL100/45/2×75S 的机头部分

1——机头卸载装置;2——10°过渡托辊;3——铭牌;4——20°过渡托辊;

5——槽型托辊;6——张紧改向;7——标准中间架

二、带式输送机传动系统

传动系统位于输送机的头部、中部或尾部,它是带式输送机的重要组成部分。传动装置由驱动装置和传动滚筒组成。

(一)驱动装置

驱动装置如图 6-2 所示。它由电动机、液力耦合器、减速器和支座等组成。液力耦合器外设保护罩,通过保护罩两端的法兰盘,分别与电动机、减速器端部法兰连接,将三者紧密连成一体。

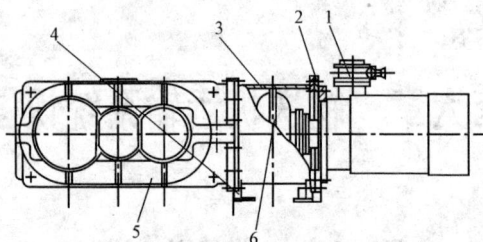

图 6-2　驱动装置

1——电动机;2——过渡法兰;3——连接罩;4——支座;
5——减速器;6——液力耦合器

　　输送机的驱动有单滚筒驱动和多滚筒驱动。一般采用单滚筒驱动,功率较大时可采用双滚筒驱动。多滚筒驱动的优点是能够传递较大的功率,并能降低输送带张力;其缺点是可能出现功率不平衡现象,而增大电动机的备用功率。多滚筒驱动按驱动排列布置一般分为一端双滚筒驱动和头尾滚筒驱动两大类。一端双滚筒驱动适用于各类输送机,一般采用功率分驱比 $n=1:2$,降低带张力效果较好。头尾滚筒驱动一般用于水平输送机,降低带张力效果要比前者好。

　　多滚筒驱动,一般是每个驱动滚筒各自独立驱动,配备 $1\sim2$ 组等功率驱动机组,以利于设备的同步运行、维修和管理,同时有利于设备的标准化和系列化。

　　1. 单电机单滚筒传动方式

　　地面通用固定式带式输送机通常采用单电机单滚筒形式。一般驱动装置布置在机头部卸载端。

　　2. 单电机双滚筒传动方式

　　其传动系统如图 6-3 所示。带式输送机采用双滚筒的目的,主要是为了增加胶带在传动滚筒上的包角,从而提高牵引力。

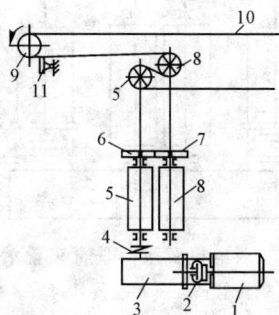

图 6-3　单电动机双滚筒传动系统图

1——电动机;2——液力耦合器;3——减速器;4——联轴器;5,8——传动滚筒;

6,7——齿轮;9——卸载滚筒;10——胶带;11——清扫装置

　　单电机驱动的优点:设备制造简单,电控设备小,便于维护运转;缺点:随着运输距离的缩短,将形成大马拉小车现象,致使电机运行功率降低。

　　3. 双电机双滚筒传动方式

　　双电机双滚筒传动通常采用分别传动方式,即每台电机带动一个滚筒。按照电机与输送机轴线的方位,可以分为平行布置(图 6-4)和垂直布置(图 6-5)两种。

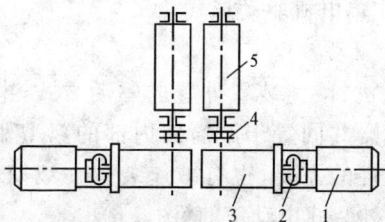

图 6-4　双电机双滚筒平行布置示意图

1——电动机;2——液力耦合器;3——减速器;4——联轴器;5——传动滚筒

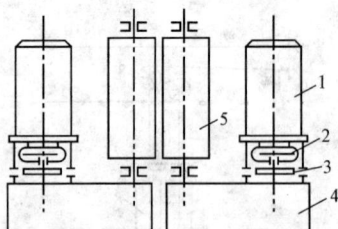

图 6-5　双电机双滚筒垂直布置示意图

1——电动机;2——液力耦合器;3——制动装置;4——减速器;5——传动滚筒

垂直布置的优缺点:

(1)电动机与减速器垂直布置,因此减速器内可不用锥齿轮而全部采用圆柱齿轮传动,便于制造,维修量小。

(2)电动机、液力耦合器可安装在胶带下面,结构紧凑。机头宽度较窄,不论带式输送机安装在巷道的哪一侧都无需更换传动装置位置。但电机和液力耦合器维修不方便。

(3)因为采用垂直布置,传动装置不固定在墙板式机头架上。这样,墙板厚度和长度均较小,大大减轻了机头架的重量。

SD-150 型可伸缩式带式输送机采用双电机双滚筒传动方式,但在两滚筒之间加装了一组联动齿轮。这是因为考虑到当机身缩短到一定程度时所需功率由一台电机负担即可,这时可拆掉一台传动装置,变成单电机驱动形式。

4. 电动滚筒驱动

以上均为电机、减速装置外置的驱动方式,电动滚筒则是一种将电机和减速器共同置于滚筒体内部的新型驱动装置。有时根据某些特殊场合的需要,也有减速装置在滚筒体内部、电动机在滚筒体外面的外装式电动滚筒(图 6-6)。

与分离式驱动装置相比,电动滚筒具有结构紧凑、传动效率高、噪声低、使用寿命长、运转平稳、工作可靠、密封性好、占用空间小、安装方便等诸多优点,并且适合在各种恶劣环境条件下工

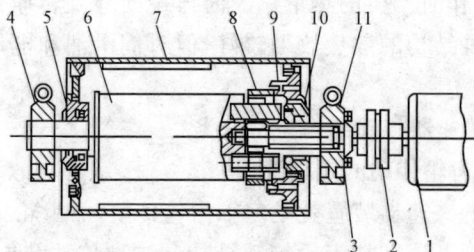

图 6-6　WD 型外装式电动滚筒结构图
1——电机;2——联轴器或耦合器;3——小透盖;4——左支座;
5——左轴承座;6——左法兰轴;7——滚筒体;8——减速器;
9——右端盖;10——右轴承座;11——右支座

作,包括潮湿、泥泞、粉尘多的工作环境。

目前电动滚筒的分类有四种基本方法,即依据电动机冷却方式、所采用减速器传动结构类型、电动滚筒基本工作环境特征和电动机置于滚筒内外这几种方法来对电动滚筒分类。

(1)依据电动机的冷却方式分类

① 风冷式电动滚筒

这种电动滚筒的特点是电动机不用油液冷却,靠传导、辐射和风的对流,又可分为强制风冷和自然风冷两种。

② 油冷式电动滚筒

这种电动滚筒也称为间接油冷式电动滚筒。电动滚筒内有一定的冷却油液,由于滚筒体不停地旋转,筒体上刮油板将油液不停地浇到电动机和齿轮上,带走电动机和齿轮工作时产生的热量,把热量传递到滚筒体壁上,加速电机散热,并对齿轮产生润滑作用。油冷式电动滚筒的关键是电动机内部不允许进入油液。

③ 油浸式电动滚筒

油浸式电动滚筒也叫直接油冷式电动滚筒,这种类型的电动滚筒允许油液进入电动机内部,直接与电动机转子和定子绕组接触,将它们工作时产生的热量靠滚筒体不断地旋转而传递到滚筒体内壁。这种结构的散热效果较好,但对润滑油和电动机的质量相对要求也较高。

(2) 按减速器传动结构类型分类

① 定轴齿轮传动的电动滚筒

最常用的减速器装置就是定轴齿轮传动,而齿轮传动中 95%以上是定轴渐开线圆柱齿轮传动结构。这种传动结构简单、性能可靠、制造容易、安装维修方便,同时又具有效率高、噪声低的优点。常用两级减速,少数采用三级减速。

② 行星齿轮传动的电动滚筒

这种传动形式与定轴齿轮传动比较,具有体积小、重量轻、承载能力大、工作平稳等优点,但维修不方便。

③ 摆线针轮传动的电动滚筒

用摆线针轮这种传动结构的电动滚筒可实现很小的线速度和很大的功率。

(3) 电动滚筒型号的表示方法

电动滚筒的型号由七项内容组成,结构形式如下:

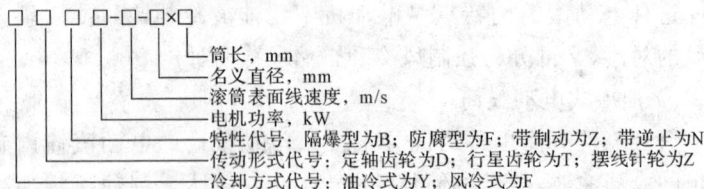

```
□ □ □ □-□-□×□
              └── 筒长, mm
            └──── 名义直径, mm
          └────── 滚筒表面线速度, m/s
        └──────── 电机功率, kW
      └────────── 特性代号:隔爆型为B;防腐型为F;带制动为Z;带逆止为N
    └──────────── 传动形式代号:定轴齿轮为D;行星齿轮为T;摆线针轮为Z
  └────────────── 冷却方式代号:油冷式为Y;风冷式为F
```

从组成电动滚筒型号的七项内容看,前三项是产品的品种代号,它使该产品区别于其他的产品。后四项是电动滚筒的基本参数,它是使具体规格的电动滚筒区别于其他电动滚筒的代号。两部分结合起来完整地表达一台具体电动滚筒的全部内容。

(二) 传动滚筒

传动滚筒是带式输送机传递牵引力、驱动胶带运行的主要部件,它有单幅板、双幅板和铸焊结构。滚筒表面形式有光面和胶面两种。光面滚筒通常用于功率不大的情况。而在环境潮湿、功率又大的情况下,通常要采用胶面滚筒。很显然,胶面滚筒对传动更有利,它增大了胶带与滚筒表面的摩擦系数,不仅提高了牵引力,而且不易打滑,可以减轻胶带的磨损。

胶面有铸胶和包胶两种形式。前者胶面厚且耐磨,包胶滚筒则容易掉,且固定螺钉易露出胶面刮伤胶带,使用寿命较短,但在现场可以更换。胶面通常制成光面、人字形或菱形花纹。带式输送机的传动滚筒的名义直径系列为 200 mm、250 mm、315 mm、400 mm、509 mm、630 mm、800 mm、1 000 mm、1 250 mm、1 400 mm、1 600 mm。钢绳芯带式输送机的传动滚筒为钢板焊接结构,采用滚动轴承,传动滚筒表面全部采用铸胶。滚筒直径应不小于钢丝绳直径的 150 倍,不小于钢丝直径的 1 000 倍,且最小直径不得小于 400 mm。

第二节 刮板输送机

一、刮板输送机的结构和技术特征

(一) 型号含义

1. 原型号含义

例如 SGW-150B,含义如下:S——"输"送机;G——"刮"板式;W——可"弯"曲;150——使用电动机总功率(kW);B——设计序号(用 A、B、C、D 表示)。

2. 现在的型号含义

例如 SG ***,SG——刮板输送机;*(第一个)——该字母表示链条形式(D:单链,Z:中心双链,B:双边链);*(第二个)——数字表示溜槽的宽度;*(第三个)——数字表示使用电动机总功率。

（二）几种国产典型的刮板输送机主要技术特征（表 6-1）

表 6-1　　　　　　　　刮板输送机主要技术特征

技术特征	SGW-44A	SGW-40T	SGW-730/320	SGZ-250C	SGD-732/180	SGZ-730/320
运输能力/(t/h)	150	150	250	600	500	700
出厂长度/m	120	100	200	200	170	200
电动机功率/kW	22	40	75	125	90	160
电动机数量/台	2	1	2	2	2	2
链速/(m/s)	0.8	0.86	0.868	0.937	0.92	0.93
刮板链形式	B	B	B	B	D	Z
刮板链节距/mm	$\phi18\times64$	$\phi18\times64$	$\phi18\times64$	$\phi24\times86$	$\phi26\times92$	$\phi26\times92$
刮板链破断力/kN	350	350	350	720	850	850
重量/(kg/m)	18.8	18.8	18.8	52	36.26	—
减速器速比	29.5	24.564	24.43	30.667	39.86	57
液力耦合器型号	YL-360	YL-400	YL-450	YL-500	YL-487	YL-560
液力耦合器工作介质	22 号汽轮机油	22 号汽轮机油	22 号汽轮机油	22 号汽轮机油	22 号汽轮机油	22 号汽轮机油
液力耦合器注液量/L	6.5	9	14	18	14.5	19
溜槽尺寸（长×宽×高）/mm	1 500×620×180	1 500×620×180	1 500×630×190	1 500×750×250	1 500×732×220	1 500×730×220
使用条件	0.75 m 以上的薄煤层，炮采和机采工作面	0.8 m 以上煤层，炮采和机采工作面	0.9 m 以上煤层，机采和综采工作面	1 m 以上煤层，机采综采工作面	缓倾斜中厚煤层，综采	缓倾斜中厚煤层，综采

（三）刮板输送机的结构

刮板输送机的类型很多,各组成部分的形式和布置方式不尽相同,但主要结构和基本组成部件是相同的。如图 6-7 所示,刮板输送机由机头部Ⅰ(包括机头架、电动机、液力耦合器、减速器、链轮组件、推移装置、棘轮紧链器等)、中间部Ⅱ(包括机头过渡槽、机尾过渡槽、规格溜槽、调节槽、连接槽、挡煤板、铲煤板、刮板链)和机尾部Ⅲ(包括机尾架、链轮组件或换向滚筒等)组成。

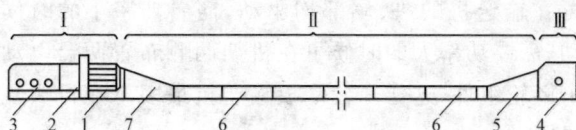

图 6-7 刮板输送机的组成

1——电动机;2——液力耦合器;3——减速器;4——机尾;
5——机尾过渡槽;6——中部槽;7——机头过渡槽

二、机械传动系统的组成和工作原理

1. 组成

刮板输送机的机械传动系统主要由电动机、液力耦合器、减速器、链轮和刮板链组成。实物如图 6-8 所示。

图 6-8 刮板输送机

2. 原理

刮板输送机是煤炭的承载机构,其牵引推动机构是绕过机头链轮和机尾链轮(也有采用带有过渡链槽的滚筒)而进行循环运动的无极闭合的刮板链。电动机启动后,经液力耦合器、减速器传动链轮而驱动刮板链连续运转,将煤炭沿溜槽推运到机头卸载转运。上部溜槽为输送机的重载工作槽,下部为刮板链的回空槽。

也可在输送机的头、尾部均驱动,需要功率小的时候可以仅机头驱动,需要功率大的时候可在机架两侧布置两台电动机共同驱动一个链轮组件,这样一台刮板输送机最多可在机头机尾用四台电动机驱动。

三、刮板输送机的主要部件

1. 刮板链

刮板链由圆环链、刮板和连接环等组成。

圆环链是刮板输送机受拉力最大的部件,工作中要承受冲击和脉冲负荷,所以既要有强度要求,又要有抗疲劳的要求,并由高强度焊接封闭圆环连接而成,为了安装时调节链条的长度,还备有单环的调节链条。

刮板是用非对称的专用型钢制作,刮板与溜槽接触的一面带有斜度,使其与槽底线接触,这样容易带走槽底上的煤粉,有利于正常运行,如安错方向则不能带载运行。

2. 溜槽

溜槽既是刮板输送机机身的主体,作为货载和刮板链的支承机构,又是采煤机的运行轨道,煤和刮板链在溜槽中滑行,不仅工作阻力大,而且对溜槽的磨损很严重,同时溜槽承受采煤机的全部重量,采煤机在槽帮上滑行,对槽帮产生磨损。因此,要求溜槽要有足够的强度和刚度以及较好的耐磨性能。

溜槽分为中部溜槽(也称标准溜槽)、过渡溜槽和调节溜槽。

中间溜槽占绝大部分,每节长度为 1.5 m,用来调整输送机的铺设长度的调节溜槽有 0.5 m 和 1 m 两种。因为机身较矮,机头机尾较高,故机身两端与机头机尾连接时需用 1~2 节过渡溜槽进行过渡,过渡槽的每节长度为 0.5 m。另外,为了便于从中部拆卸溜槽,SGW-80T 型输送机还使用了一种特有的三角溜槽。

3. 紧链装置

对紧链装置的性能要求:能张紧刮板链并加上所需的初张力,具有结构简单、操作方便、维修工作量小的特点。

目前使用的紧链装置有棘轮紧链器、抱闸式紧链器、手摇紧链器、液压千斤顶紧链器、液压马达紧链器和盘闸紧链器等。

4. 挡煤板

挡煤板装在工作面刮板输送机靠采空区的一侧,它除了增加溜槽的装煤量、增加运输能力、防止煤炭溢出之外,在挡煤板上还设有导向管和电缆叠伸槽。导向管在挡煤板紧靠溜槽的一侧,供采煤机导向用;电缆叠伸槽在采煤机的另一侧,供采煤机工作时自动叠伸电缆用。挡煤板上还设有长板,用来与液压支架的推移千斤顶连接,用于推移输送机。

5. 铲煤板

在刮板输送机靠煤壁的一侧装有铲煤板,当输送机向前推移时,靠它将底板上的浮煤推向煤壁挤入溜槽,这样,就能将采煤机采过之后的浮煤清理干净了,同时也减轻了输送机前移的阻力。

四、刮板输送机的安装要求

1. 刮板输送机安装的基本要求

(1) 机头铺设的位置必须有设计图纸,特别是综采工作面,应考虑机头与机架的联络关系。

(2) 回采工作面的刮板输送机必须沿机身全长装设能发出停止或开动的信号装置。发出信号点的间距不得超过 15 m,并做到平、直、稳。

（3）运输巷安装的机头，与巷道壁至少要留有 0.7 m 的人行道。两台刮板输送机呈直线搭接时，后台机头要高于前台机尾（0.3 m），前后要交替 0.5 m。两台刮板输送机呈垂直搭接时，卸载中心高度应保持 0.3 m，大于 0.5 m 时要加溜煤板。

（4）安装时，连接件、紧固件应齐全，连接牢固可靠。机头机尾要打压柱，防止机头上翘发生挤人事故和损坏设备。

（5）安装后要进行认真检查和试运转。

2. 刮板输送机搬运、安装时的安全注意事项

（1）刮板输送机在装车时，要按井下安装顺序编号装车。对大件一定要使其牢固可靠，对连接面、防爆面、电器等怕砸、怕碰、怕尘、怕水的部件要管理好，并采取相应的保护措施。

（2）起吊时要检查起吊工具的完好情况和强度，在安全可靠的情况下装车和卸车。

（3）运输中沿途各交叉点、上下山等地点，要设专人指挥，防止在运输中发生事故。

（4）刮板输送机未进入工作面之前，要先检查铺设地点的煤壁和支护情况，要清理好底板，确实可靠后再进设备。

（5）为了减少搬运工作量，输送机一般是从回风巷开始进行安装。安装时要有专人指挥调运，防止在安装中出现挤、砸、压的事故。

（6）刮板输送机铺设要平。如底板有凸起时要整平，相邻溜槽的端头应压紧，搭接完整无台阶，这是保证安全运转的前提。

（7）安装及投入运转时要保证输送机的平、直、稳、牢，并注意刮板链的松紧程度。要根据链条的松紧情况及时张紧，防止卡链、跳牙、断链及底链脱落等事故。

（8）用液压支架或支柱悬吊或支承溜槽时，应随时注意顶板情况，避免冒顶。

（9）工作面安装使用的绳扣、链环、吊钩等必须进行详细的检

查,确认可靠后方可使用。

五、刮板输送机的维护

在井下的工作环境和使用条件非常恶劣,虽然设计、制造者从提高刮板输送机质量,改善其工作条件,减少损坏因素入手,提高了设备的强度。但在实际的工作中,刮板输送机的磨损和外界因素引起的损坏是无法避免的。从安全角度上讲,设备刚投入运行时,其安全可靠性是很高的,但使用一段时期后,设备因疲劳、腐蚀、磨损等,安全可靠程度会下降。当推移刮板输送次数达到一定值时,溜槽的接口因磨损会影响槽与槽之间的连接,甚至在推移溜槽时会发生脱节和翻转。再者,刮板链与链轮之间的磨损,会加大圆环链的节距,当遇到杂物嵌入时,会使刮板链在机头、机尾处出槽,如果某处卡住,会发生机头、机尾翘起的事故。上述安全问题不仅仅是设备本身问题,更主要的是潜伏着危及刮板输送机周围工作人员人身安全的隐患。为了消除这些隐患,延长设备的使用寿命,保证设备的正常运行,提高设备的安全可靠性,所以必须注意刮板输送机的日常维护和定期检修。

(一)刮板输送机运转前的准备工作

为了保证刮板输送机的安全运转,在其运转前必须进行详细全面的检查。检查分为一般检查和重点检查。

1. 一般检查

首先检查工作环境,如工作地点的支架、顶板和巷道的支护情况,检查输送机上有无人员作业,有无其他障碍物,压柱打得是否牢靠。然后检查电缆吊挂是否合格,电动机、开关、按钮等各处接线是否良好,如果检查没有发现问题,可将输送机稍加启动,看看输送机是否运转正常,接着再开始重点检查。

2. 重点检查

首先,检查中间部,对中间槽刮板链从头到尾进行一次详细的检查。从机头链轮开始,往后逐级检查刮板链、刮板以及连接环上的螺栓。检查4~5 m后,在刮板链上用铅丝绑一个记号,然后开动电动机把带记号的刮板链运行到机头链轮处,再从此记号向后检查,一直到机尾,在机尾的刮板链上再用一个铅丝绑一个记号,然后从机尾往回检查中部槽对口有无毡茬或搭接不平、磨环、压环、上槽陷入下槽等情况。回到机头处,开动电动机把机尾记号运转到机头链轮处,再往后重复以上检查,至此检查了一个循环,发现问题及时处理。

其次,检查机头,要注意以下方面:

(1) 有传动小链的刮板输送机,要检查传动小链的链板、销子磨损程度、链轮上的保险销是否安装正确,必须使用合格的保险销,不得用其他的物品代替。

(2) 检查弹性联轴器的间隙是否正确(一般3~5 m),液力耦合器是否完好。

(3) 检查减速箱油量是否适当(油面接触大齿轮高度的1/3为宜)。

(4) 检查机头座连接螺栓、地脚压板螺栓、机头轴承座螺栓是否齐全。

(5) 链轮、托叉、机尾有动力驱动时检查内容与检查机头相同,无动力驱动时要做到以下检查:

① 机尾滚筒的磨损与轴承情况(转动灵活)。

② 调节机尾轴的装置是否灵活。

③ 机尾环境是否良好,如有积水要挖沟疏通。

经过以上检查,确认一切良好,方可开动电动机正式运转。

(二) 操作刮板输送机时的注意事项

(1) 启动前要发出信号,先断续启动,隔几秒钟正式启动。其目的,一是看刮板输送机运行是正转还是反转;二是如果有人在刮板机附近工作或行走,断续启动代替警戒信号。

(2) 防止强行带负荷启动。一般情况下都要先启动刮板输送机后再往里装煤,机采工作面也要先启动输送机后才能开动采煤机。如果连续两次不能启动或切断保险销,必须找出原因并处理后再启动。

(3)无论是否集中控制,都要由外向里(由放煤眼至工作面)沿逆煤流方向依次启动。

(4)刮板输送机停止运转时,不要向输送机里装煤,机采时应停止采煤机割煤。

(5)炮采工作面要采取措施防止炮崩溜槽,并应采用分段爆破的方法,防止因满载压住输送机无法启动。

(6)不要向溜槽里装大块煤炭,防止大块煤炭卡到溜槽造成事故。

(7)工作面停止出煤前,应将溜槽中的煤输送干净,然后由里向外沿顺煤流方向依次停止运转。

(8)无煤时禁止刮板输送机长时间空转。

(三)刮板输送机司机要做到"四勤"

刮板输送机运转时,司机要做到"四勤",即勤检查、勤修理、勤注油、勤清理。

1. 勤检查

(1)检查输送机运转情况。正常运转时,刮板链应当平稳滑行。如果发现跳动,那就是刮板链在溜槽里或链轮有刮卡现象。刮板输送机运转时,如果稍一停又继续运转,可能是传动链跳牙、刮板链过长,要及时修理,并检查连接环、螺栓、刮板有无松动损伤,发现松动及时拧紧。

(2)经常注意机头电动机、减速箱运转声音是否正常。如听到"咯噔、咯噔"的声音,要立即停止运转,进行详细检查处理,避免发生事故。

(3)运转中要勤摸电动机、减速箱和各轴承,注意其温度是否正常,一般温度不得超过 $65\sim75\ ^\circ\!C$。

（4）当闻到焦糊油烟味时，说明电动机、减速箱或有关轴承温度过高，应该停止运转，进行详细检查和处理。

2. 勤修理

如发现问题或事故隐患时，一般都要停止运转，立即进行修理。为此，刮板输送机司机或机电维修工下井时，都应携带工具和足够的小配件（或在平巷配备工具箱），如保险销、开口销、易熔塞等。

3. 勤注油

经常注意减速箱、机头、机尾、轴承的温度是否适当，如发现油量不足，应通知维修工注油。有传动链的刮板输送机，由司机负责经常注油。

4. 勤清理

（1）经常清理机头、机尾附近堆积的煤粉和其他杂物，特别是矸石、木料，否则如被带进下槽，会增大运行阻力，造成事故。

（2）经常清理电动机外壳、液力耦合器外壳、减速器等上面的煤粉，以保持良好的散热条件。

（四）润滑注油的作用及注意事项

润滑注油是对刮板输送机进行维修的重要内容。良好的润滑可以减轻机械的磨损，对部件起冷却、密封、减振、防腐蚀等作用。在注油时应特别注意防止粉尘、杂物进入减速器等部件内。

六、刮板输送机的检修

刮板输送机的检修分为日检、周检、季检、半年检和大修。

1. 日检的主要内容

（1）检查各转动部分是否有异常声响、剧烈振动或发热等异常现象，如果发现应及时排除。

（2）检查减速箱、液力耦合器、液压缸以及推进系统软管是否漏损，漏损严重者应及时处理，并补充油量。

（3）检查减速箱、盲轴、链轮、挡煤板、铲煤板和刮板链螺栓是否松动，如发现松动应及时更换。

（4）检查刮板、连接环及圆环链是否损坏，如发现损坏应及时更换。

（5）检查刮板链松紧是否适度，有无跳牙现象。如果刮板链过松，应及时张紧。

（6）检查溜槽有无掉销和错口现象，一旦发现应及时更换。

2. 周检的主要内容

（1）检查减速箱、液力耦合器、盲轴等部位润滑油是否充足、有无变质，检查乳化液液量是否充足、有无变质。

（2）检查挡煤板和铲煤板的连接螺栓是否松动或掉落。

（3）检查机头（机尾）架损坏变形情况。

（4）检查机头（机尾）各连接螺栓的紧固情况。

（5）检查拨链器、刮板的磨损情况。

（6）检查电动机的引线损坏情况。

（7）检查溜槽挡煤板和铲煤板损坏变形情况。

（8）检查液压缸和软管损坏情况。

七、刮板输送机常见的故障及处理方法

刮板输送机的常见故障及处理方法如表 6-2 所列。

表 6-2　　　　　　刮板输送机的常见故障及处理方法

故障	原因	处理方法
电动机不启动	1. 负荷过大； 2. 电气线路损坏	1. 减轻负荷，从溜槽中除去一些煤； 2. 检查电气线路，更换损坏零件
电动机过度发热	1. 超负荷运转时间过长； 2. 通风散热条件不好	1. 减轻负荷，缩短超负荷运转时间； 2. 清除电动机周围浮煤
电动机 声音不正常	1. 单相运转； 2. 接线头不牢	1. 检查单相运转原因并排除故障； 2. 检查接线头
液力耦合器 严重打滑	1. 液力耦合器注油不足； 2. 溜槽内丢煤太多； 3. 刮板链被卡住； 4. 紧链器处于紧链状态	1. 按规定补充注油量； 2. 将溜槽里的煤除去一部分； 3. 处理被卡刮板链； 4. 紧链手把扳到运行位置

故障	原因	处理方法
其中一个液力耦合器温度过高	1. 两个液力耦合器注油量不等； 2. 液力耦合器罩内被卡住或透平轮被卡住	1. 检查调整油量； 2. 清除杂物,消除被卡现象
液力耦合器漏油	1. 注油塞或热保护塞松动； 2. 密封圈或垫圈损坏	1. 拧紧注油塞或热保护塞； 2. 更换密封圈或垫圈
液力耦合器打滑,温度超过 120 ℃,但易熔合金不熔化	易熔合金配方不准	更换准确熔化温度的易熔合金保护塞
减速器运转声音不正常	1. 齿轮啮合不好； 2. 齿轮或轴承过度磨损或损坏； 3. 润滑油中有金属等杂物； 4. 轴承游隙量过大	1. 检查调整齿轮啮合情况； 2. 更换被损坏齿轮或轴承； 3. 消除油中杂物； 4. 调整轴承游隙量
减速器油量过高	1. 润滑油不合格或润滑油不干净； 2. 润滑油过多； 3. 散热冷却条件差	1. 按规定更换润滑油； 2. 放出多余的润滑油； 3. 消除减速器周围煤粉及杂物,对SGW-250 型刮板输送机还应检查冷却水流动情况
减速器漏油	1. 密封圈损坏； 2. 减速器箱体接合面不严,轴承盖螺栓松动	1. 更换密封圈； 2. 拧紧箱体接合面和各轴承盖螺栓
盲轴轴承温度过高	1. 密封被破坏,润滑油不干净； 2. 轴承损坏； 3. 润滑油量不足	1. 更换密封圈,清理轴承； 2. 更换被损轴承； 3. 加注润滑油

故障	原因	处理方法
刮板链在链轮处跳牙	1. 圆环链拧麻花或连接环安装不正确； 2. 刮板接手接反； 3. 链轮轮齿过度磨损； 4. 刮板链过度松弛	1. 纠正圆环链,重新安装接连环； 2. 调整刮板接手安装状况； 3. 更换新链轮； 4. 重新紧链
链子卡在链轮上	拨链器松动、损坏或脱落	拧紧螺栓、更换拨链器
刮板链掉道	1. 刮板链过松； 2. 刮板弯曲严重； 3. 工作面不直、刮板链条受力不均,使刮板倾斜； 4. 输送机过度弯曲	1. 重新紧链； 2. 换新链板； 3. 使工作面保持直线； 4. 推移溜槽距离不要太大,不要有急弯
刮板链过度震动	1. 刮板链运行中受刮卡； 2. 溜槽脱开或搭接不平	1. 处理刮卡部位； 2. 对接好溜槽、调平接口
刮板接手从链条上撕断	1. 刮板链过松； 2. 两条链段差超过规定； 3. 溜槽搭接不平或脱开； 4. 链轮严重磨损； 5. 弹性销脱落	1. 重新紧链； 2. 更换超差刮板链段； 3. 修理溜槽、接牢调平接口； 4. 更换新链轮； 5. 安装新弹性销
溜槽接头弯曲或损坏、折断	1. 一次推移距离过大； 2. 弯曲段长度小,偏转角大,转急弯	1. 推移距离不得超过 600 mm； 2. 弯曲段溜槽不小于 3 节长,偏转角不超过 3°
电缆夹与电缆槽刮卡	1. 挡煤板连接螺栓松动； 2. 导向管或电缆槽连接管变形,或双锥销变形	1. 拧紧挡煤板连接螺栓； 2. 修理或更换挡煤板及导向管、双锥销等,或整修变形处

八、《煤矿安全规程》关于刮板输送机的规定

《煤矿安全规程》第七十二条规定:采煤工作面刮板输送机必须安设能发出停止或启动信号的装置,发出信号点的间距不得超过 15 m。

刮板输送机的液力耦合器,必须按所传递的功率大小,注入规定量的难燃液,并经常检查有无漏失。易熔合金塞必须符合标准,并设专人检查、清除塞内污物。严禁用不符合标准的物品代替。

刮板输送机严禁乘人。用刮板输送机运送物料时,必须有防止顶人和顶倒支架的安全措施。

移动刮板输送机的液压装置,必须完整可靠。移动刮板输送机时,必须有防止冒顶、顶伤人员和损坏设备的安全措施。必须打牢刮板输送机的机头、机尾锚固支柱。

第三节　转　载　机

一、转载机的安装

1. 安装前的准备工作

首先安装好可伸缩输送机机尾(包括转载机的机头小车的行走轨道),然后将转载机各部件搬运到相应的安装位置,并准备好起吊的设备和支承材料。

2. 安装时的注意事项

(1)要将传动装置安装到人行道的一侧,以便检查维护。

(2)刮板链的连接螺栓头应朝运行方向,以增加连接的牢固性。

(3)链条不许有拧麻花现象,以提高机械强度和安全可靠性。

(4)刮板链在上槽时,连接环的突起部分应向上,立链环的焊

口应向上,平链环的焊口应朝向溜槽中心线,以减少链环的磨损,延长使用寿命。

二、转载机的维护

(1) 经常保持转载机及其他设备、管线路的整洁完好,以便运转、维修和移动。

(2) 经常检查刮板链的张紧程度,发现松弛时应立即调整。

(3) 经常检查链轮和刮板链的紧固情况,应及时拧紧松动的螺栓。有损坏或变形的,应及时修理和更换。

(4) 经常检查悬拱部分和爬坡段有无异常现象,溜槽两侧挡板和封底板的连接螺栓有无松动,如发现上述情况应立即处理。

(5) 经常检查机头小车、导料槽的移动是否灵活可靠,输送机机尾两侧的轨道是否平直稳妥,严防机头小车和导料槽发生卡碰和掉道。

(6) 用钢丝绳牵引移动转载机时,应使作用力对中,不准把钢丝绳挂钩挂在机头小车的横梁上,一定要挂在机头架两侧板上的孔内。

(7) 转载机的水平段应与工作面刮板输送机的卸载位置配合适当,保证煤能准确地装入转载机的水平装载段之内,以防抛洒堆积。

(8) 停机前要将溜槽中的煤运完,以避免下次有载启动。

(9) 经常检查机头部和机尾部的运转情况,并按规定注油。

三、转载机的检修标准

1. 周检

(1) 重复日检内容(周检、日检在初级工的专业知识中已介绍)。

(2) 检查传动装置是否安全,有无损坏;检查各紧固件有无松动,松动的要拧紧。

（3）检查链轮轴组内的润滑油是否充足，有无漏油。

（4）检查联轴节的充液量是否充足，不足时应充液。

2. 月检

（1）重复周检内容。

（2）检查两条刮板链的伸长量是否一致，如果伸长量达到或超过原始长度的 2.5％时，则需要更换，更换时要成对更换。

3. 半年检

（1）重复月检内容。

（2）更换减速器的润滑油，将齿轮等部件清洗干净。目测检查齿轮及轴承有无损坏，并更换磨损件。拆装时注意确保接合面清洁、密封良好。更换联轴节的润滑油。

（3）更换减速器及联轴节密封件。检修时应在地面检修车间进行。

（4）检查电动机轴承处有无损坏。

四、转载机的一般故障处理

1. 机尾发生异响或转动不正常

桥式转载机机尾的工作环境恶劣，特别是巷道底板有倾角时，由于煤炭外溢，巷道淤塞，积水增多，机尾常常在煤水中运行，因此油封容易损坏。煤水容易浸入机尾，造成轴承损坏。

轴承损坏后的主要表现是发热。当轴承温度超过 65 ℃时，有异响和转动不正常，甚至机尾滚筒不转。

预防和处理方法是加强机尾轴承的注油润滑，改善机尾作业环境。一旦发现轴承损坏，应立即更换机尾轴组件。

2. 中间悬拱部分有明显下降

造成中间悬拱部分明显下垂的主要原因，一是连接螺栓松动或脱落，二是连接挡板焊缝断裂。

预防和处理方法是经常检查，发现连接螺栓松动及时拧紧；有脱落的及时补上；发现故障及时检查处理。

第七章　输送机安装及故障处理

第一节　带式输送机的安装和故障处理

一、带式输送机的安装

（一）安装前的准备工作

带式输送机在井下安装前的准备工作主要是：

（1）设备下井前，安装人员必须熟悉设备和有关图纸资料。根据矿井巷道的运输条件，确定设备部件的最大尺寸和质量。

（2）在安装输送机的巷道中，首先确定输送机安装中心线和机头的安装位置，将这些基准点在支架或顶板相应位置上标志出来。

（3）清理巷道底板，根据输送机总体装配图所标注的固定安装部分的面积，将巷道底板平整出来。对安装非固定部分（主要指落地式机身）的巷道也要求做一般性平整。

（4）为便于运输，应将大件解体，并做好标记，以便于对号安装、对外露的加工面，应采取保护措施，防止磕碰损伤。

（二）井下的铺设安装

（1）井下巷道空间较窄，为避免铺设时零部件的堵塞，应按照先里后外的原则，即按机尾、移动机尾装置、机身（中间架）、回空输送带下托辊、纵梁上托辊、载货输送带、卷带装置、储带仓（包括张紧小车、移动小车、托辊小车、储带仓架、储带转向架车）、机头传动装置的顺序，搬运到各自安装地点的巷道旁边。

（2）根据已确定的基准点，首先安装固定部件，如机头部、储带仓、机尾等部件。安装后，机头、机尾及各滚筒中心线应在同一直线上。

（3）安装机身时首先将 H 形中间架每 3 m 一架卧放在输送机中心线底板上，底脚朝向机头。

（4）将输送带工作的一面向上，沿输送机铺设在巷道一侧底板上，然后从一端开始将输送带翻转 180°搭在中间架的横梁上。再装中间架的纵梁、下托辊与上托辊。

（5）铺设载货输送带可借助主传动滚筒和另设置一台牵引绞车进行。

（6）用于后退式采煤方法时，将储带仓中的游动小车置于靠近机头端（前进式或综掘工作面置于远离机头的一端），开动绞车，给输送带以足够的张力，以保证输送机在启动和运行过程中输送带不会在传动滚筒上打滑。

（7）检查各部分安装情况，清除影响运转的障碍物，做好通讯联络，检查电控保护装置动作，准备点动开车调试。

（三）安装质量要求

（1）所有零部件（包括外协件）必须经检验合格后方可进行装配。配套件、外购件必须有合格证书。托辊、减速器、制动器、液力耦合器、输送带、电动机等重要部件须有国家授权检测单位的合格证书。

（2）同一型号的机架应能互换。

（3）输送机架中心线直线度应不大于表 7-1 中的规定，并应保证在任意 25 m 长度内的偏差不大于 5 mm。

表 7-1　　　　　　　　输送机架中心线直线度

输送机长度/m	$L<100$	$100<L$ <300	$300<L$ <500	$300<L$ $<1\,000$	$1\,000<L$ $<2\,000$	$L>2\,000$
直线度/mm	20	30	50	80	150	200

（4）滚筒轴线与水平面的平行度公差值不大于 1/1 000。

（5）滚筒轴线对输送机机架中心线的垂直度公差值不大于 2/1 000。滚筒或托辊与输送机机架要对中,其对称度公差值不大于 3 mm。

（6）驱动滚筒轴线与减速器低速轴轴心线的同轴度按 GB/T 1184—1996 中 10 级要求,两驱动滚筒轴心线的平行度公差值不大于 0.4 mm。

（7）托辊(调心托辊和过渡托辊除外)上表面应位于同一平面上(水平面或倾斜面)或者在一个公共半径的弧面上(输送机凹弧段或凸弧段)。在相邻三组托辊之间其高低,固定式输送机不大于 2 mm,伸缩和吊挂式输送机不大于 3 mm。

（8）储带仓和机尾的左右钢轨踏面应在同一水平面内,每段钢轨的轨顶高低偏差不得超过 2.0 mm。轨道应成直线,且平行于输送机机架的中心线,其直线度公差值在 1 m 内不大于 2 mm,在 25 m 内不大于 5 mm,在全长内不大于 15 mm。轨距偏差不得超过 ±2 mm,轨道接缝处踏面的高低差不大于 0.5 mm,轨缝不大于 3 mm。

（9）清扫器与输送带在滚筒轴线方向上的接触长度应大于带宽的 85％,且性能稳定,清扫效果良好。

（10）加料口处的导料槽应具有良好的导料性能。

（11）输送带接头的接缝处应平直,在 1 m 长度上的直线度公差值不大于 20 mm。

（12）各移动部件安装后,应移动灵活,调整方便。

（四）带式输送机的运转试验

带式输送机的运转试验分三步进行。

1. 未装输送带的试运转

当机头、储带仓和电气设备都装好后,先不装输送带,进行空运转,检查减速器运转是否平稳,轴承声响、温度是否正常,张紧绞车、卷带绞车是否性能良好。

2. 装上输送带后的空运转

(1)拉紧输送带:在空运转前,开动张紧绞车给输送带以足够的张力。

(2)空运转试验:空运转时全线各点都必须设人观察情况,发现输送带跑偏、打滑及其他不正常情况,应立即停车,进行处理。

(3)空运转时间为 4 h 左右。

3. 负荷运转

空运转确认无问题后方可放煤加载运转试验。

(1)驱动装置应运行平稳,不允许出现异常振动及声响,在启动和运行过程中不允许胶带有打滑现象。

(2)运行过程中,胶带边缘不得超出托辊管体和滚筒边缘。

(3)负荷运转试验时间为 2 h。

二、钉扣机的使用

胶带接头一般使用订扣机(又称打卡机)来手工操作订扣。

钉扣机的操作方法为:

(1)准备胶带,胶带切口平直,且垂直于胶带的纵向中心线(否则将引起胶带的跑偏和影响胶带接头的寿命),两端切去 20～30 mm 斜角。

(2)将带扣有钉子的一面向上放进钉扣机,用串条将其定位。

(3)将胶带嵌进带扣机,一定要碰到底部位置,比胶带两端窄 5 cm。

(4)用专门配备的锤钉机,先轻敲使钉子订入胶带再重击,钉子会自动弯曲。

(5)先订中间的一个扣,再从右(或者左)一次打完。

三、钢丝绳芯胶带的接头硫化工艺

1. 硫化地点的环境要求

(1)硫化地点的巷道高度不低于 2.5 m,输送机边距巷帮的距离不小于 1.0 m。

(2) 硫化地点应宽敞平坦、运输方便、风速小、空气湿度小、温度低、煤尘少。

(3) 硫化前一个班应对硫化地点前后 20 m 的巷道进行冲尘处理。

2. 施工顺序

(1) 把输送带开空,将要硫化的接头开到施工地点的合适位置,输送带机头开关停电闭锁,并设专人看管。

(2) 断开输送带点的下侧 10 m 处卡好两道卡铁,并用钢丝绳固牢,钢丝绳的另一端系在巷道两侧的棚腿上。且一定要连锁 5 架以上的棚子。

(3) 立井内的张紧滚筒,起吊高度以 2 m 为宜。

(4) 张紧滚筒起吊到位后,防止在施工过程中张紧滚筒下滑,必须使用钢丝绳把张紧装置固定在张紧立井内的棚梁上。

(5) 接好硫化平台,保证平、稳、牢。

(6) 用切割机断开输送带,把切割下来的老接头放置在合适的位置。

(7) 按照厂家提供的形式和参数选择接头形式和接头长度,严禁随意改变。

(8) 切割斜坡面并进行打磨。

(9) 接头成型。

(10) 硫化。

(11) 冷却拆除。

(12) 清理现场,试运行。

四、带式输送机常见故障及预防处理

(一) 输送带跑偏

1. 主要原因

(1) 传动滚筒或尾部滚筒两头直径不等,滚筒或托辊表面有煤泥或其他附着物。

（2）机头部传动滚筒与尾部滚筒不平行。传动滚筒、尾部滚筒轴中心线与机身中心线不垂直。滚筒轴中心线与机身中心线垂直,但滚筒中心不在机身中心线上。

（3）槽型托辊或平型托辊不正。

（4）输送带接头不正或输送带老化变质造成两侧松紧不一。

（5）给料位置不正,机身不正。

2. 跑偏处理

（1）输送带在卸载或机尾滚筒处跑偏

如图 8-17(a)所示,利用滚筒轴承座上的调整螺杆进行调整,即输送带往哪边跑,就调紧哪边的螺杆。滚筒调整后必须按规定重新调整刮板清扫器。

（2）输送带在中间部跑偏

如图 7-1(b)所示,利用改变托辊的方向与位置进行调整,即输送带往哪边跑,就在这边将托辊朝输送带运行方向偏转一个角度,但一次不能调得太多。

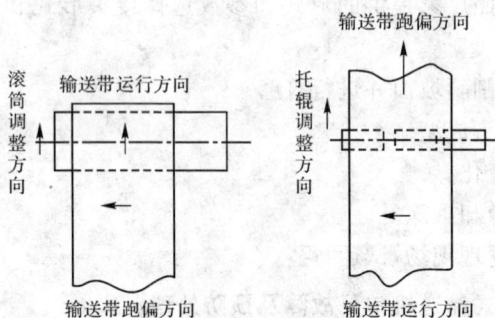

图 7-1　输送带跑偏调整示意图

（a）换向滚筒调偏;（b）托辊调偏

（二）输送带断带

1. 主要原因

（1）输送带张紧力过大。

（2）装载分布严重不均或严重超载。

（3）传动滚筒或机尾滚筒带入较大的异物。

（4）输送带接头质量不符合要求。

（5）输送带磨损超限、老化或输送带本身质量不合格。

2. 事故排除

（1）经常检查和调整张紧装置，使输送带张力适宜。

（2）装载时要均匀，防止集中超载。

（3）保持输送带运行不跑偏，托辊、滚筒转动灵活。

（4）做输送带接头时，要严格按标准施工，使用合格的输送带扣，并经常检查接头质量。

（5）及时更换磨损超限的输送带，使用合格的阻燃输送带。

（三）输送带打滑

1. 主要原因

（1）输送带张力不够。

（2）机头部淋水大，使驱动滚筒与输送带间的摩擦系数降低。

（3）输送带上装载过多。

（4）严重跑偏，输送带被卡住。

（5）清扫器失效，造成滚筒与输送带间有大块异物。

2. 事故排除

（1）调整输送带的张力，减轻承载量。

（2）停车将锯末或煤粉撒到滚筒上将水吸干，然后把滚筒表面和输送带表面清理干净，再开车。

（3）重新调整清扫器，清除异物。

（四）带速不正常

1. 主要原因

（1）输送带在传动滚筒上打滑（在传动部可听到异常声响）。

（2）带速控制装置与输送带不接触。

（3）制动闸被挤住。

2. 事故排除

（1）增大输送带张力。

（2）更新调整带速控制装置。

（3）检查、调整制动闸。

第二节　刮板输送机的安装和故障处理

一、刮板输送的安装

在铺设安装刮板输送机时，应结合井下条件和工作面特点，制定出切实可行的安装程序，按规定要求把好质量关。

1. 安装前的准备和要求

（1）参加安装、试运转的工作人员应熟悉刮板输送机的结构、工作原理、安装程序和注意事项，并始终严格遵守安全操作规程，注意人身和设备安全。

（2）按制造厂的发货说明书，对各部件、附件、备件以及专用工具等进行核对检查，要完整无缺。

（3）安装时应对各部件进行检查，如有碰伤、变形应予以修复。

（4）准备好安装工具和润滑油脂。

（5）为了检验刮板输送机的机械性能，应在地面进行安装和试运转，确定无问题后方可下井安装。

（6）各零部件下井前，应清楚地标明运送地点（如运输巷或回风巷）。当矿井条件允许时，应将电动机、液力耦合器和减速器装成一体再下井。

（7）清除障碍，确保工作面和减速器安装位置平直。将机头和机尾的压柱打牢。

2. 工作面的铺设安装

根据各矿井运输条件和工作面特点,从实际出发,确定工作面刮板输送机的铺设安装方法。一般先将机尾部和机尾传动装置运到回风巷,将机头架、机头过渡槽与全部里槽和刮板链组件运到运输巷,然后运到工作面进行组装。挡煤板、铲煤板以及其他附件,应在输送机安装调试后,开动输送机由回风巷运到安装地点。其组装程序是:

(1) 安装机头,将机头和过渡溜槽在指定的位置安装好。

(2) 安装溜槽和刮板链:

① 运送中间溜槽与刮板链到工作面,在预定地点,将其临时竖立在煤帮,但要将第一节溜槽放到指定位置上。

② 将带有刮板的链子穿过机头。

③ 把链子穿进第一节中间溜槽下边的导料槽内。

④ 将链子拉直,使中间溜槽沿刮板链下滑,并与前节溜槽相连接。

⑤ 按上述方法继续接长底链,并穿过中间溜槽,逐节把中间溜槽接上,直到机尾。

(3) 铺上链,把机尾下面的刮板链绕过机尾导向滚筒放在溜槽的中板上,继续接下一节刮板链,再将接好刮板链的刮板歪斜,使链环都进入溜槽槽帮里,然后拉直。按照此法把上刮板链一直接到机头传动部。

(4) 紧链,根据需要调整好刮板链的长度,按下列方法紧链:

① 先把两个紧链钩的一端分别插入左右两侧的圆孔里,另一端分别插入刮板链的立环中。

② 把机头下面的刮板链翻上来,与机头链轮啮合。

③ 用扳手将棘爪搬到紧链位置。

④ 反向断续开动电动机,直至使链子张紧程度达到要求为止。

⑤ 拆下多余刮板链,再重新接好。

⑥ 用扳手将棘爪扳到运行位置。

⑦ 正向点动一下电动机,取下紧链钩。

(5) 安装后的检查要点有以下几方面:

① 检查所有的紧固件是否松动。

② 检查减速器、液力耦合器等润滑部位的油量是否充足。

③ 检查控制系统和信号系统是否符合要求。

④ 进行空载试验。先检查刮板链是否有连接错误、扭绕不正的情况,然后断续启动,使刮板链运转半周后停车,再检查已翻到上槽的刮板链,当刮板链转到一个循环后再正式启动。同时检查刮板链的松紧程度,是否有跳动、刮底、跑偏、飘链等情况。各检查部位正常后做一次紧链工作,然后带负荷运转 10～15 min。必要时再紧一次刮板链,最后按规定验收合格后交付使用。

3. 液力耦合器的安装与拆除

(1) 拆装液力耦合器时,应注意泵轮、外壳和辅助室外壳的位置不要错动。更换螺栓、螺母时,应使其规格不变,以保持其动、静平衡性能。

(2) 对于重新组装的液力耦合器,应进行整体静平衡和密封性试验。

(3) 组装后,泵轮和涡轮应转动灵活。

(4) 拆除液力耦合器的注油塞、易熔塞、防爆片时,脸部应躲开喷油方向,戴手套拧松几扣,放气后停一段时间,再慢慢拧下。禁止使用不合格的易熔塞、防爆片或代用品。

4. 转载机的安装与移动

(1) 转载机的安装

① 将机头小车的车架和横梁连接好,然后把小车安装在胶带输送机的机尾轨道上,并装好定位板。

② 吊起机头部,使其坐落在行走小车上,将机头架下部固定

梁上的销轴孔对准下车横梁上的孔,然后插上销轴,拧紧螺母,并用开口销锁牢。

③ 搭临时木垛,先将中间溜槽的封底板摆好,铺上刮板链,安上溜槽,将刮板链拉入链道;再装两侧挡板,并用螺栓将其与溜槽及封底板固定,相邻侧板间也均用螺栓连接好。依次逐节安装,以保证装载机的刚度。

④ 安装转折处凸、凹溜槽及倾斜段溜槽时,应调整好位置及角度,然后再拧紧螺栓。

⑤ 水平段安装方法与悬拱部分相同。不同之处是在巷道底板上安装不需要设临时木垛,应注意在装煤的一侧要安装底挡板,以便装煤。

⑥ 两侧挡板由于允许有制造公差,所以连接挡板的断面存在着间隙,因此在安装时可根据实际情况将平垫片插入挡板端面间隙中,进行调整。

⑦ 水平段中间溜槽逐节装入后,接上机尾,将溜槽、封底板和两侧挡板用螺栓固定好。

⑧ 全部结构安装好后,即可将临时木垛拆除。

⑨ 将底链挂到机头链轮上,插上紧链钩,利用紧链器紧链。紧好后将刮板链的首尾连接好,然后拆掉紧链钩。刮板链的松紧程度以运煤时在机头链轮下面稍有下垂为宜。

⑩ 将导料槽安装到胶带输送机机尾的轨道上,置于转载机的机头前面,插上导料槽与机头小车的连接销轴。

(2) 转载机的移动

① 清理机尾、机身两侧及过桥下的浮煤和浮矸。

② 保护好电缆、水管、油管,并吊挂整齐。

③ 检查巷道支护,在确保安全的情况下推移转载机。

④ 行走小车与带式输送机机尾架要接触良好,不跑偏,移设后搭接良好。防止大块煤、矸砸伤输送带,保证煤流畅通。

　　⑤ 移完转载机后,机头、机尾要保持平、直、稳,千斤顶活塞杆要收回。

二、刮板输送机的维护

　　刮板输送机应实行有计划的定期维护检查,并掌握其运行规律,及时消除事故隐患,保证安全生产。

　　1. 日检

　　检查传动装置的运行情况、减速器的油温,是否有漏油现象以及液力耦合器是否有漏油现象。检查刮板链的松紧程度,溜槽及挡煤板和电缆迭伸槽的磨损变形情况,出现问题时及时修理。

　　2. 周检

　　除日检内容外,还应检查各传动装置的螺栓紧固情况,发现问题及时处理。检查机头架、机尾架的工作状况有无损坏或变形。检查舌板和拨链器的磨损情况,铲煤板的磨损情况,连接螺栓的紧固情况。用电流表检查传动装置启动是否平稳,各电动机负荷分配是否均衡,必要时可调整液力耦合器的注液量,检查减速器上的润滑情况及轴承齿轮的润滑啮合情况,检查电器的绝缘情况。

　　3. 季检和半年检

　　每个季度应对橡胶联轴节、液力耦合器、过渡溜槽、链轮、拨链器等进行一次轮换检修,半年应对电动机和减速器进行一次全面检修。

　　4. 大修

　　当采完一个工作面后,将设备升井,进行全面检修。

三、刮板输送机的润滑注油

　　为了保证刮板输送机的正常运转,对传动装置各润滑点及时注入规定的润滑剂,这是设备维护工作的重要一环。

　　液力耦合器的轴承是靠液力耦合器的工作油进行润滑的,其工作油采用 22 号汽轮机油。

减速器润滑油的品种及注油量应按设计要求从上箱体注油孔注入,运转一个月后,将减速机内的油倒净并清洗,再注入新油,以后每 6 个月换一次油。

四、刮板输送机的故障处理

1. 刮板输送机保险销切断的征兆及处理

(1)征兆。刮板输送机的保险销设在减速箱大轴上或设在机头轴上,当保险销切断后,离合器分开,电动机仍然转动,而机头轴和刮板链停止转动。

(2)原因。造成保险销切断的主要原因是压煤过多;其他原因如矸石、木棒及金属杂物被回空链从机头带进下槽,卡住刮板链,阻力过大;或保险销磨损、中部槽磨损卡住刮板等都有可能造成保险销切断。

(3)预防方法。开动刮板输送机前将刮板链调节好,使其松紧适当;掏清机头机尾的煤粉;如有矸石、木棒或其他杂物及时清除,输送机运煤时,不要装得太多;中部槽要搭接严密,如有坏槽要及时更换;保险销需用低碳钢制造,并要勤检查,磨损超限要及时更换,保证销子与销轴的间隙不大于 1 mm。

(4)处理方法。保险销切断后,剩余长度如果大于 20 mm时,可将原保险销往里插一下继续使用。若长度小于 20 mm 时,就要更换新的。换上新的保险销后,如果启动后又被切断,就不是保险销的问题,必须进行认真检查,找出原因。如果是压煤或石块太多,飘链或刮板链太长,都要逐一进行处理。如果下槽回煤过多,应先将上槽煤清理出,使刮板链反向运转。如果是矸石或杂物卡住下链,就必须掏清。

2. 刮板链在链轮上掉链的征兆及处理

(1)征兆。刮板链在正常运行时,突然加快,链速不均,这就是因为刮板链脱离了链轮,在非正常状态下运转。

（2）原因。机头不正;机头第二节溜槽或底座不平,链轮磨损超限或咬进杂物,使刮板链脱出轮齿;双边链的两条链松紧不一致;刮板严重歪斜;刮板太稀或过度弯曲。

（3）预防方法。保持机头平、直,垫平机身,使机头、机尾和中间部成一直线;对无动力传动的机尾可把机尾链轮改为带沟槽的滚筒;防止链轮咬进杂物,如发现刮板链下有矸石或金属杂物,应立即取出;双边链的刮板链长度不一致,过度弯曲的刮板要及时更换,缺少的刮板要补齐。

（4）处理方法。因链轮咬进杂物而造成掉链,可以反方向断续开动或用撬棍撬一下,刮板链就可上轮;如果掉链时链轮咬不着链条,即链轮能转而链条不动时,用紧链装置松开刮板链,然后使刮板链上轮。当双边链的刮板输送机的一条刮板链掉链(里侧),可在两条刮板链相对称的两个内环之间支承一根木棍,然后开动刮板输送机,掉下的一侧就可能上轮,开动刮板链时,人要离远点,防止木棍崩出伤人;当一条刮板链在链轮外侧掉链时,可在机头槽帮和刮板链之间塞一木块,开动输送机将刮板链挤上链轮。

3. 刮板链在低槽出槽的征兆与原因

（1）征兆。电动机发出十分沉重的声音,刮板链运转逐渐缓慢,甚至停止运转。如果不是负荷过大,被煤埋住,就是底链出槽,双边链刮板输送机易发生这种事故。

（2）原因。输送机本身不平不直,上鼓下凹,过度弯曲;溜槽严重磨损;两根链条长短不一,造成刮板歪斜或因刮板过度弯曲使两条链距缩短。

4. 刮板链飘链的征兆及处理

（1）征兆。电动机发出尖锐的响声,而刮板又刮煤太少,2～3 min仍不见大量的煤流,就说明输送机的刮板已飘链。

（2）原因。输送机不平直或刮板链太紧,把煤挤到溜槽一边,使刮板链在煤上运行；刮板缺少，弯曲太多；刮板链下面有矸石等原因都会造成飘链现象。

（3）预防方法。经常保持刮板输送机平直，刮板链松紧适当，煤要装在溜槽中间，弯曲的刮板要及时更换；缺少的刮板要及时补上，如果煤质不好或拉上坡时，还可以加密刮板，在缩短刮板输送机向前移机尾时，一定要把机尾放平，在铺设时最好使机头、机尾低于中间部，呈桥形。

（4）处理方法。发现刮板链飘链之后，首先停止装煤，然后对刮板输送机的中间部进行检查。如果不平应将中间部垫起，放煤时如果有冲力，常靠一边时，可在放煤口的溜槽帮上垫上一块木板，或铺一块搪瓷溜槽，使煤经过木板或搪瓷溜槽时减小冲力，使煤流到溜槽中间。

5. 刮板输送机断链的征兆及处理

（1）征兆。刮板输送机在运转时，刮板链在机头底下突然下垂堆积；双边链刮板输送机一侧突然歪斜。

（2）原因。装煤过多，超过负荷，压住刮板链；工作面不平直，刮板卡刮；链环随井下水腐蚀生锈，强度降低；链条严重磨损，强度降低；受冲击载荷的反复作用造成链条疲劳破坏，节距增长；链条本身制造质量差；刮板链过紧，机头链轮过度磨损或机头、机尾不正，经常掉链等。

（3）预防方法。刮板输送机运转之前，适当调节刮板链，使其不过紧或过松。装煤要适当，不能过满，特别是停机后不要装煤。保持机头与下一台刮板输送机有不小于 0.3 m 的高度，防止底刮板链带回煤粉或杂物。随时清除机尾的煤粉、矸石与杂物，最好将机尾前一节溜槽下部掏空，使底刮板链带回的煤粉能漏下去。损坏变形的溜槽要更换，消除溜槽的戗茬现象。过度磨损和弯曲、折断的刮板都要进行更换。连接环的螺栓要坚固，最好使用尼龙螺帽，防止松扣。

一般刮板输送机正常运转时发出"沙沙"的摩擦声音,如果听到"咯噔"或突然发出"咯崩"的声响,或者刮板链稍一停顿又继续运转,都是刮板链快要折断的预兆,此时应马上停止装煤,检查原因,及时处理,严禁强行启动。

(4)处理方法。首先停止运转,找出刮板链折断的地方,底链经常断在机头或机尾附近。断底链的处理方法可以参照掉底链的处理方法,将卡紧的刮板拆掉,返回上槽处理。

6. 减速器过热、响声不正常的征兆及处理

(1)征兆。发出油烟气味和"嘟噜"的响声。

(2)原因。主要原因是齿轮磨损过度,啮合不好,修理组装不当,轴承损坏或串轴,油量过少或过多,油质不干净等。此外,液力耦合器安装不正、地脚螺栓松动、超负荷也是减速箱响声不正常的原因。

(3)预防方法。坚持定期检修制度,经常检查齿轮和轴承的磨损情况,可打开减速箱检查孔,用木棒卡住齿轮,使其固定,再转动液力耦合器,如果活动过大,就是固定键活动或齿轮磨损。另外注意各处螺栓是否松动,要保持油量适当,耦合器间隙要合适。

(4)处理方法。拧紧各处螺栓,补充润滑油,轴伞齿轮轴承损坏时,可以连同轴承一起更换,更换轴伞齿轮要注意调整好间隙。

7. 熔断器熔丝(片)熔断的原因及处理

(1)原因。在一般情况下,即使短时间超过负荷,也不容易熔断熔丝(片)。只有在压煤过多,负荷过大,连续强制启动,启动器、电动机、电缆因严重潮湿漏电或短路时才会熔断熔丝(片)。有时因熔丝(片)选择不当(容量过小),线头、熔丝(片)的两端螺栓或夹子松动,启动器内部接触器接触不良,刮消弧罩或因机械部分刮卡等也常使熔丝(片)熔断。

(2)预防方法。煤要装均匀,不要压煤过多,输送机停止运转

时不要装煤。如果机械部分或电动机发生故障应及时处理,不要
强制启动。定期检查启动器,安装合格的熔丝(片),并注意在更
换熔丝(片)时,不要拧得过松或过紧。一般情况下,熔丝(片)在
中间熔断是正常现象,若在两端熔断,多半是熔丝(片)装得过紧
或过松的原因。

(3) 处理方法。首先切断电源,在用瓦斯便携仪检查周围瓦
斯不超过规定值时再打开隔爆启动器,用验电笔检验无电后,放
电,再换上合格的备用熔丝(片)。

8. 电动机过热的原因及处理

(1) 原因。

① 主要是负荷过大,电动机被煤埋住,通风不良,连续启动,
用联锁控制时继电器动作频繁,轴承损坏。有时三相电源接触不
良,地脚螺栓松动振动大,机头不稳也会使电动机过热。

② 启动频繁,启动电流大,熔丝(片)容量选用的过大;电动机
较长时间在启动电流下工作。

③ 运行后电动机停止较长时间后,周围环境湿度大,绝缘能
力降低,不采取措施,启动时易烧毁电动机。

④ 电动机散热片断掉(打风叶),通风不良,散热条件差。

⑤ 电动机单相运转、电压过高或过低都会烧坏电动机。

(2) 预防方法。适当装煤,保持负荷均匀,不要频繁启动,电
动机轴承做到定期注换油,紧好机头各处螺栓,随时清理煤粉,严
禁强行启动。

(3) 处理方法。电动机过热后,停下输送机,临时取下保险
销,使电动机空转,借风扇转动,使电动机自行冷却,然后再根据
故障原因分别处理。

9. 液力耦合器发热的原因

(1) 刮板输送机长时间满负荷运转。这种情况一般发生在对
拉工作面的中间巷道。

（2）液力耦合器的散热条件差。这种情况一般发生在溜子道、机头架两侧由于大块煤、矸、杂物堆积，影响空气流通或液力耦合器散热。

（3）频繁的正、反启动。这种情况一般发生在推移输送机和紧链操作过程中。

（4）过载或传动系统被卡住。

第三节　斗式提升机的安装

1. 脱水式斗式提升机安装前的准备工作

（1）按照图纸校对提升机机尾部基础标高和螺栓位置。机尾部中心应与跳汰机相应排料口中心一致。

（2）按提升机倾角检查各层楼板孔位和机头传动架基础螺栓的分布位置。

（3）为了便于安装，应将各节箱体编号，并将其运到各楼层安装地点。

2. 脱水式斗式提升机的安装步骤

（1）脱水式斗式提升机的安装应从机尾部开始。先把机尾架安装在基础上，找正后，其中心应与跳汰机排料口中心一致，然后与基础固定。

（2）安装箱体和机尾轮。先安装尾部箱体和机尾轮，连接稳定后，再装第二节箱体。各箱体的连接法兰均应加橡胶密封圈，以防漏水。在每装完一节箱体时，必须校正中心，并在楼板两侧用木块临时楔紧，之后再进行后一节箱体安装，直至装完。整个箱体连接完后，再按图纸校对并调整其角度。最后固定各层楼板支承箱体的托架。

（3）将拉紧装置固定于头部机架上，再安装机头轮。

（4）安装传动机架。根据图纸要求先装上传动机架，经水平找正后,中心应与机头轮中心基本一致,并用螺栓与楼板固定。

(5)安装减速器和电动机。安装减速器使其出轴链轮与机头链轮平行,其误差不应超过 1 mm,电动机与减速器之间联轴器的间隙与同心度等均应符合规定。

(6)安装斗链。

3. 脱水式斗式提升机安装后的检查工作

(1)安装完毕后,应进行连续 8 h 的空负荷运转。

(2)在试转过程中,应做到以下检查:

① 设备运转平稳,无卡滞与撞击现象。

② 链板与链轮两侧距离应基本一致。链条不应超出轨面的边口。

③ 各箱体连接处不得有漏水现象。

参 考 文 献

[1] 沈国才. 带式输送机司机　刮板输送机司机[M]. 北京:煤炭工业出版社,2007.

[2] 黄学群,唐敬麟,栾桂鹏. 运输机械选型设计手册[M]. 第2版. 北京:化学工业出版社,2011.

[3] 黄武全,符旭. 金属材料与热处理[M]. 北京:机械工业出版社,2012.

[4] 李炳文,万丽荣,柴光远. 矿山机械[M]. 徐州:中国矿业大学出版社,2010.

[5] 李建功. 机械设计[M]. 第4版. 北京:机械工业出版社,2007.

[6] 煤炭工业职业技能鉴定指导中心. 输送机操作工(初级、中级)[M]. 北京:煤炭工业出版社,2005.

[7] 薛龙虎,武建平. 输送机操作工[M]. 北京:煤炭工业出版社,2005.

[8] 杨家军. 机械原理[M]. 武汉:华中科技大学出版社,2009.